家饌 6

江獻珠 編著

珠璣小館

烹飪技法實錄

萬里機構・飲食天地出版社 出版

家饌(6)

著者
江獻珠

攝影
梁贊坤

編輯
何健莊

封面設計
朱靜

版面設計
劉紅萍

出版者
萬里機構・飲食天地出版社
香港鰂魚涌英皇道1065號東達中心1305室
電話：2564 7511　傳真：2565 5539
網址：http://www.wanlibk.com

發行者
香港聯合書刊物流有限公司
香港新界大埔汀麗路36號中華商務印刷大廈3字樓
電話：2150 2100　傳真：2407 3062
電郵：info@suplogistics.com.hk

承印者
凸版印刷（香港）有限公司

出版日期
二〇一三年三月第二次印刷

ISBN 978-962-14-5061-6

前言

在飲食雜誌上每星期供稿一篇，轉眼十年，普及而合乎健康的食材差不多都已用過，又不願採用鮑參肚翅珍貴作料，大有捉襟見肘之虞。

雖然決心要維持粵菜百年來的優良傳統，也不甘捨本逐末去做些四不像的菜色，我仍不免因食材的全球化，沾染了一些非粵菜的口味。我就算頑固，也不能不隨波逐流，兼用一些外來的食材，加一些現代烹調方法去演繹傳統粵菜。

在既定的條件下，一般的菜饌已做得差不多了，我轉移到平生在家中吃到精粗俱備的食物。這些菜饌包括我兒時在祖父家中吃到的美食、在外國自學的家庭飯餐、教烹飪時的課題、義務為美國抗癌會上門到會的古老排場大菜和我留港時一日三餐的膳食，只要出自我家廚房，都可算是家饌。

現今印刷技術突飛猛進，彩色圖片已成食譜必備，因此操作步驟與食譜同樣重要，在雜誌上省略的圖片，在本書內都有機會補回，使用者更易跟隨食譜操作。附帶的短文，多和家庭生活有關，顯示家饌的特色。

希望讀者喜歡這套小書，多加使用，也請飲食方家，不吝賜正。

江獻珠

2013 年 1 月識於香港

家饌

江獻珠書

江獻珠

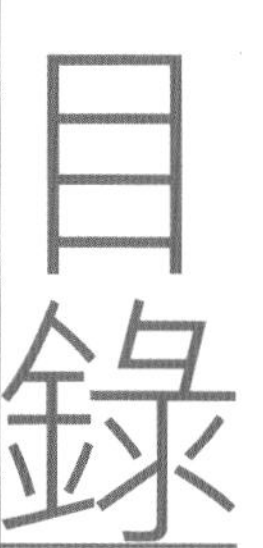

蔬果 • 豆腐

湯羹 • 麵飯 • 小食

後記

草花有別

蟲草花炒肉絲

近年不斷有科學家進行人工培養冬蟲草的研究，並積極尋找與冬蟲草有同樣功效的另一品種。2004年左右，在廣東江門便有頗大規模的人工培養蟲草花的基地，用牛奶、大米等主要原料的營養液，經過高溫消毒後冷凝，在低溫條件下接種，恆溫狀態下生長，60天後金黃色的蟲草花便可收成了。現時在香港的傳統街市，經常有新鮮和已乾燥的蟲草花出售，而且日見普及。在雲南高山地帶，氣溫適宜蟲草花的培植，來自當地的蟲草花，比江門培植的要肥大強壯得多。

蟲草花又稱蟲草菌，就是在培養基裏人工培養出來的蛹蟲菌；據説功效與冬蟲草一樣，能補肺、補骨和護肝，抗氧化、防衰老、鎮靜、降血壓，現代科學家更發現蟲草花有平衡荷爾蒙和提高免疫力的作用。如果蟲草花有冬蟲草同樣的功效，冬蟲草價既奇昂，若代以蟲草花，豈不是經濟得多？

蟲草花主要的食用方法是用來燒湯，以之入饌，可與雞同蒸，或與絲瓜同煮，也可以與海產同炒，香港好些食肆都賣蟲草花的菜式。多年前，菁雲野生菌店從雲南運到蟲草花，同時又從東北運到天山雪雁，這兩種都是首次在香港出現的新材料，我把它們配在一起同炒，效果不錯。可惜雪雁味臊，要加入不少香料方能減去臊味。自此一次之後，我就多年沒有接觸蟲草花了。

最近菁雲的黃詩鍵説每星期會從雲南空運蟲草花兩次到港，貨品質素比初期運入的為高，很多大酒店的中餐館都向他取貨。菁雲經常交野菌至沙田區的city'super，詩鍵答應順路會送一些蟲草花來我家，讓我試試。

我用了一部分涼拌，很脆口，微帶幽香；因為不想影響蟲草花的原味，只加了萵苣筍絲同拌。餘下的我用肉絲同炒，菜饌雖看似簡單，但其實粗中有細，是十分和味的下飯菜。

炒肉絲可粗可細，要視配料而定。蟲草花粗約4毫米，我便把肉絲切成同一寬度。肉絲滑溜，蟲草花煙韌脆口，再配上些萵苣絲，是天衣無縫的配搭。大家不要以為炒肉絲平平無奇，但要切得大小均勻，並非易事。我也曾看過台灣的電視示範，方法家家不同，要把一塊豬肉切成粗幼相同的絲，也要下一番功夫哩！

一般人的做法，多是先把豬肉切片，然後疊起來切絲。其實最好是先從整塊肉切下一片你所要的厚度，但不要切斷，把這片切好絲後，又再開始切另一片。這樣逐片去切，比較方便。肉絲切好了，加些水浸約20分鐘，瀝乾水後方調味。

食肆炒肉絲，多經過泡油，在家廚中，用普通的炒法便可以了。

蟲草花炒肉絲

準備時間：約25分鐘

材料

蟲草花……300克
油……3湯匙（分3次用）
鹽……1/4茶匙
糖……1/2茶匙
柳脢肉……100克
萵苣筍……1條
鹽……1/4茶匙
蒜……1瓣，切絲
麻油……1茶匙

肉絲調味料

鹽……1/8茶匙
頂上頭抽……1茶匙
糖……1/4茶匙
胡椒粉……少許
紹酒……1/2茶匙
生粉……1/2茶匙
麻油……1/2茶匙

蟲草花是菌的一種，可與各種肉類、禽肉或海產同炒，不限於煮湯，用法靈活多樣，葷素俱宜。

準備

1 萵苣筍片去厚皮❶，剝去頂上菜葉❷，切長約4厘米的段，修去老的纖維❸，再切成4毫米寬的絲❹。

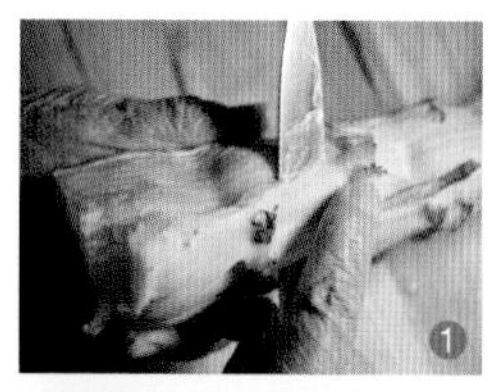

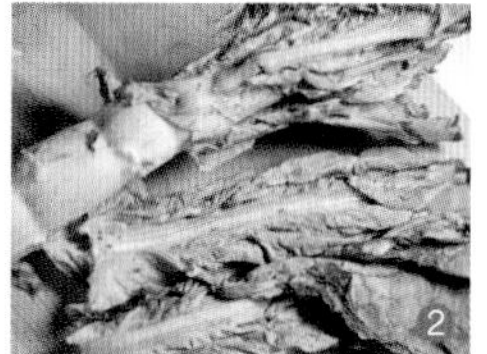

2 柳脢亦切4毫米寬的絲❺，置於碗內，先加入2湯匙冷開水拌勻，擱置15分鐘，瀝水後次第加入調味料，拌勻❻❼❽。

3 蟲草花沖淨，吸乾水分，除去硬的尾部，其餘留用❾❿。

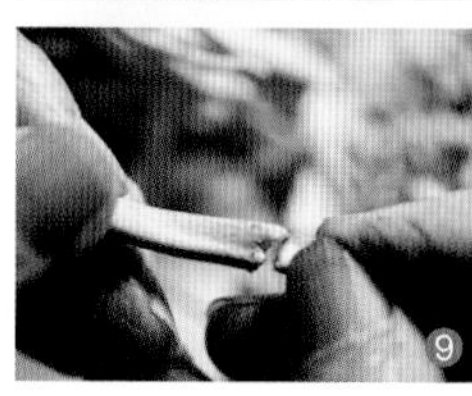

炒法

1 置中式易潔鑊在中大火上，鑊紅時下油1湯匙，加入萵苣筍絲❶，鹽少許，鏟勻後便移出❷。

2 置鑊回中大火上，下油1湯匙爆香蒜絲❸，加入肉絲鏟散後移出❹。

3 揩淨鑊，放回中大火上，白鑊烘乾蟲草花至軟❺❻，加入油、鹽和糖❼❽。

4 肉絲回鑊❾，與蟲草花同炒勻❿，加入萵苣筍絲⓫，一同鏟勻⓬，最後下麻油，再鏟勻上碟。

味道的相配相沖

茶燻豬排

古籍《清稗類鈔》內載一文談及「食物之所忌」，列舉了多種禁忌同吃的食物，洋洋灑灑，若要相信，真的隨時要防禍從口入。現在讀來覺得頗為荒謬，有幾宗例子如「雞與韭菜同食，生蟲；葱與蜜同食，相反傷命；冬瓜多食，發黃疸；九月勿食土菌，誤食，笑不止而死，中其毒者，飲尿清即癒；蟹背有星者，腳不全者，獨目者，腹有毛者，能害人，有風疾者，俱不宜食……。」這些全屬毫無科學根據的怪異無稽之談，實不足信。食物會相剋，當然也會相和互補。我們日常的菜饌，主料和副料的配搭，有傳統也有創新，沒有太多的顧忌，只求合乎飲食健康，絕對不會想到甚麼特別的相剋作用。資深的廚師還會憑個人的創意，結合或分排多種的物料在一盤菜內。但在調味方面，便要稍加考慮；例如細緻清淡的材料，不能加入太濃的調味料，蓋過原味。物料所加的不同的醃料，要尋求和諧，這就是「調味」之精髓。

説到煙燻菜之表表者，莫若四川的樟茶鴨。樟茶鴨不是家常的菜式，工序繁而費時，要經過醃、燻、蒸、炸四個步驟，故又稱「四製鴨子」，若醃好了鴨子，先在水中一燙才去燻，那便是「五製鴨子」了。廿年前我和外子曾訪四川成都，住了十天，市內滿佈鴨子店，獨沽一味樟茶鴨，店子的名稱多以店主的姓氏為名，諸如王鴨子、陳鴨子等等。我們每天都有機會吃到樟茶鴨，果然名不虛傳，鴨子色澤紅亮，皮脆肉酥，滿有樟木和茶葉的香味。樟茶鴨子的醃料，只是鹽、酒、花椒、麻油、白糖、胡椒粉、薑、葱和油，都是十分溫和的，絕不會和樟木屑的煙燻料相抵觸，反而令煙燻味更突出，而鴨子肉又不會失去原味。香港有許多四川館子，當然少不免要賣名聞遐邇的樟茶鴨，但一客樟茶鴨，能賣多少錢？在人工高企、店租昂貴的壓力下，要依照正宗做法殊屬不易。一些店家逼得走捷徑，改用外來的煙燻水去塗鴨子，蒸後炸香。這種做法，尤其通行於歐美的中餐館，洋客人不知袖裏乾坤，照吃如儀。

最近再讀趙振羨的《原味粵菜譜》，在「薰法」一章中，有燻西排一譜，豬排醃料包含甘草粉、五香粉、白糖、紹酒、鹽和醬油。我覺得五香粉內已有甘草粉，不用再加了。五香粉味濃，但豬排經煙燻之後，香料味和煙燻味相沖下，會產生怎樣的味道呢？這倒是我特感興趣的。我決定一試。結果是煙燻味比五香粉味強，分不出兩種味道，顯見煙燻氣味掩蓋了五香粉。我雖很喜歡吃煙燻的東西，尤愛燻雞和燻魚，但不會時常弄來吃，偶一為之，別有滋味。下面提供的食譜，是試驗性質，醃料中的五香粉，無大作用，的確可有可無。煙燻菜饌我做得多了，惟獨燻豬排是首次，燻料味道深厚複雜，愜意適口，評價如何，見仁見智而已。

茶燻豬排

準備時間：1時30分鐘

材料

豬排肉.................. 350克
油...........................1湯匙
薑..............1塊，約20克
葱.............................. 4棵
芫荽 ....1大棵，連頭

醃料

鹽........................1/4茶匙
頭抽 1湯匙
糖...........................1茶匙
紹酒 1茶匙
五香粉......1/4茶匙(隨意)

燻料

麵粉 1/2杯
烏龍茶葉 2湯匙
黃糖 3湯匙

煙燻要用中式鑊，不能用易潔鑊，為省清洗手續，鑊內先墊一張鋁紙，方放下燻料，燻完整包棄去。茶葉可選烏龍或茉莉花茶。

準備

1 豬排去骨，切斷旁邊白筋，用刀背交叉敲鬆❶，置碗內，加水1湯匙拌勻❷，至水為豬排吸收後便依次拌入鹽❸、頭抽❹、糖❺、酒❻和五香粉❼(如用)，放在方盤內，排成一層❽。

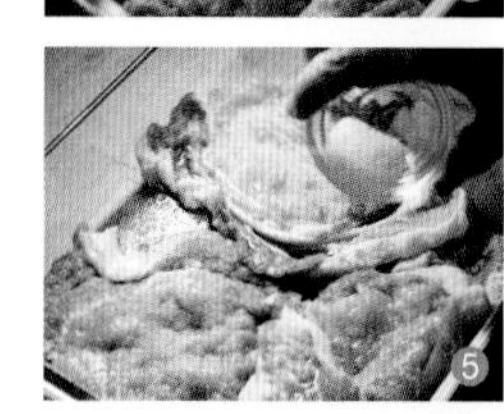

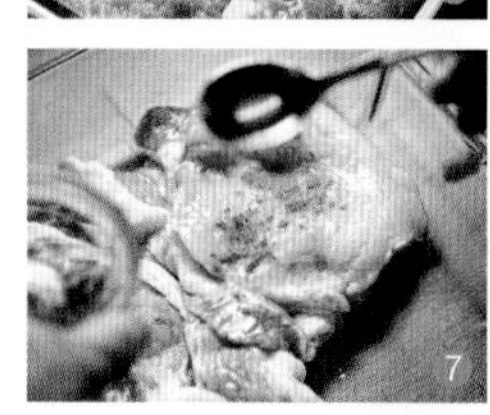

2 芫荽連頭拍扁❾，薑亦拍扁，葱切段，夾在豬排內❿，醃約1小時，當中翻面兩次，用前夾出芫荽、薑和葱。

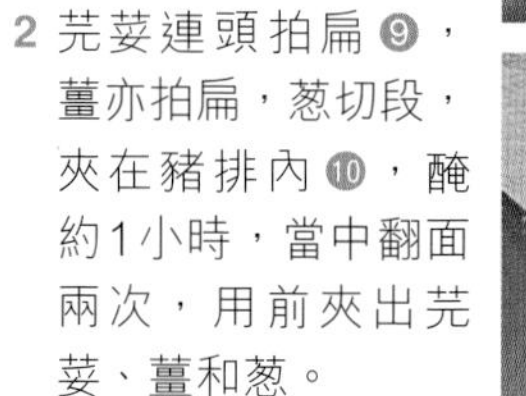

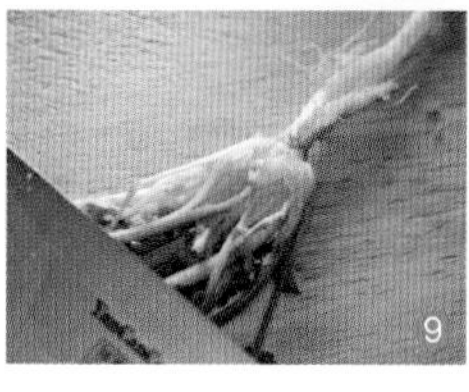

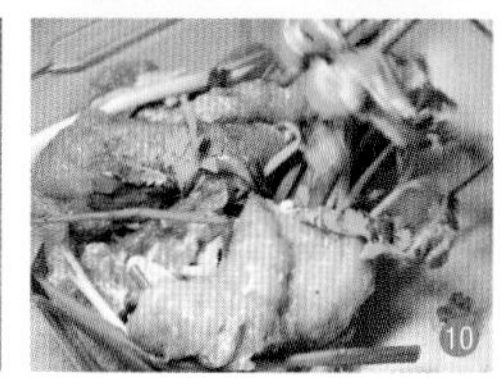

3 置中式易潔鑊於中火上，鑊熱時下油1湯匙，搪勻鑊面，放下豬排⓫，煎至一面微黃便翻面，亦煎至微黃⓬，鏟出⓭。

11

12

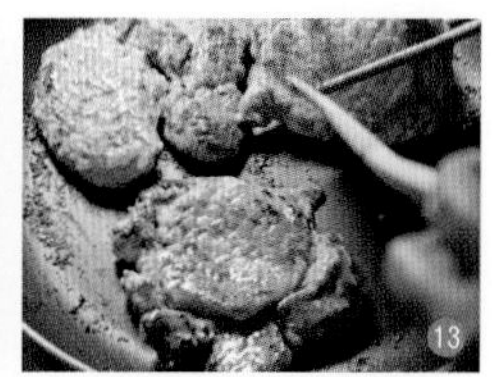
13

燻法

1 小鍋置小火上，加入麵粉和烏龍茶葉❶，慢火炒至麵粉轉色❷，茶香散發時❸，倒入已墊有鋁箔之中式鑊內❹。

2 是時加入黃糖❺，中火燒至黃糖溶化，放鋼架在燻料上，架上排豬排成一層❻，加蓋，便見有煙從鑊邊冒出❼，燻約3分鐘便揭蓋❽，將豬排翻面，再燻2分鐘。移出上碟供食。

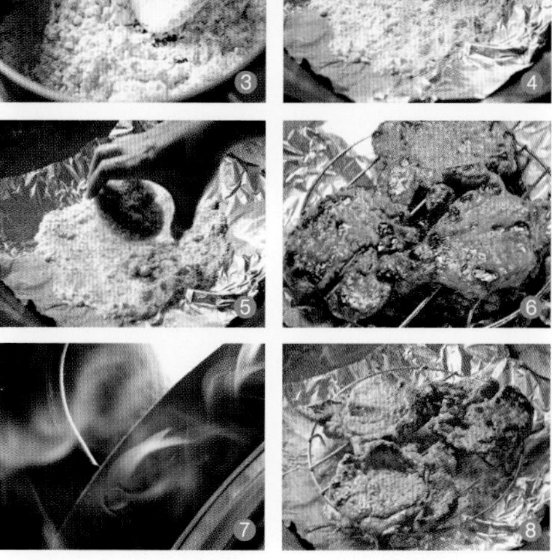

無題

栗子燜金沙骨

很不幸2011年7月在我離美前兩天，應誼親的飯約時，在高速公路上發生車禍；後面一部車向前面因路面擠塞而停頓的三部車子撞來，我坐在駕駛人的旁邊，頓時被拋起至車頂，又跌回座位多次，我們是四部車中第二部的車，結果被推撞向前，車頭撞壞前面的車尾箱，然後我們的車尾箱又給第三部車的車頭撞入，全車毀壞。交通警即時趕來問我要不要入醫院，我因心情十分混亂，覺得沒有大礙，只想回家，便通知孫女婿來接。

翌日到家庭醫生處接受超聲波治療，跟着如期起程回港。經過差不多兩個月的物理治療和一連串的針灸，雖然兩肩仍有痛楚，治療師說我可以在游泳池行走了，但游泳還得等待一段時期。

見水不能游，是多麼難堪的事。我一下水，不自覺便游起來，此後我每星期都努力游泳3次，每次約40分鐘，近來肩背的隱痛也日見減輕了。

因為車禍引起的後遺症，差不多有兩個月我不能如常燒菜做食譜，眼見以前的儲備一一用光，也無可奈何，手頭上存有的，只有這個非常平凡，沒有甚麼可說，但味道豐腴甘美的栗子燜排骨的圖片。文章既沒有命題，內容也未想到要說甚麼，搜索枯腸仍不能下筆，苦惱之極。

沒有課題也可發揮一番吧？近日豬肉大漲價，是頭條新聞，這點子人所共知，說了等如不說。秋天栗子上市，我以前已數盡栗子七十年來的滄桑，多說重複，看來這個圖片難以利用了。

這些年來，中國的栗子有了新面貌，本來稱做「桂林錐」的小栗子，忽然變得大了，比良鄉栗子大得多，早兩年前街市上還可買到扁平的栗子，而今就獨沽一味，沒有別的品種可供選擇。看來這又是基因改造，引致物種消亡的另一景象。

中菜不論南北，把肉燉至軟腍入口融化的菜式，比比皆是，更會加入不分季節帶澱粉的根瘤蔬菜，諸如馬鈴薯、芋頭、山藥等等去吸收油潤的汁液。芋頭扣肉是最貼切的例子，乞巧節的鳳眼果，中秋節前後的栗子，都是與肉類或禽肉同燜的好食材。

但栗子入饌有很多限制；煮久了會散碎，煮不夠時會硬而不粉綿，最提心吊膽的是怕栗子變色，連累到同燜的其他食材也灰暗起來。自從我發現把栗子放進微波爐加熱後，栗皮一脫即出，栗肉能保持原個，就算經過燜煮，仍看來黃淨怡人，正是「見而悅之，食而甘之。」

栗子也是甜點心的好食材，中國北方有奶油栗子粉，南方人喜以栗子煮甜湯。歐洲的栗子甜點，以法國最馳名，花樣之多，有如繁花似錦，不勝枚舉了。

栗子燜金沙骨

準備時間：約1小時　**燜製時間**：45分鐘

材料

栗子 400克
油 2茶匙
金沙骨 ...... 3條，約600克
紹酒 1/4杯
水 .... 1杯＋3杯
蒜 .... 2瓣，拍扁
油 1湯匙
麵豉醬 2湯匙
糖 2茶匙
頭抽 2茶匙
鹽 1/8茶匙

芡汁料

生粉 1/2茶匙
水 2湯匙

金沙骨是香港傳統街市的豬肉檔對大排骨的俗稱，原條約六、七寸長，可斬成兩塊，適用於紅燒。

準備

1 沿耐熱玻璃盤邊，排好栗子，放入微波爐內，以100%火力加熱2分鐘❶，移出❷，再分批如法完成其餘栗子的加熱程序，用手一擠栗皮即脱落❸。

2 置中式易潔鑊於中火上，下油2茶匙炒勻栗子❹，移至小鍋內，加水約1杯，煮10分鐘，留用。

3 揩淨鑊，放回中大火上，白鑊將金沙骨烘至金黃❺❻❼，移至水下沖去油分❽。

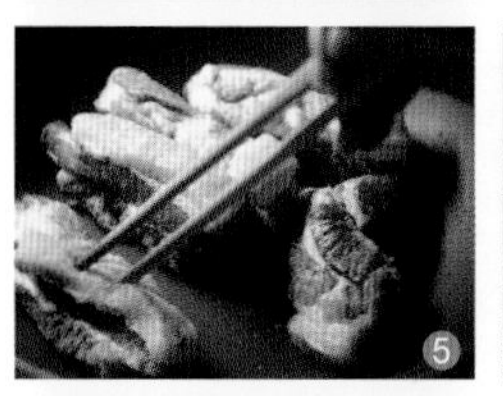

提示

本文所用微波爐之輸出功率為1,000瓦特。

燜法

1 置鑊回中火上，下油1湯匙❶，加入麵豉醬鑊至融化，下糖一同炒勻❷，繼下拍扁蒜瓣❸，加入金沙骨同鑊勻，灒下紹酒❹，方加水過面❺，約3杯，煮至沸滾時下頭抽❻和鹽❼，加蓋燜30分鐘❽。

2 是時加入栗子同燜❾約15分鐘❿，金沙骨亦已燜至酥軟，勾薄芡⓫便可供食⓬。

甚麼是肥牛？

大蒜炒肥牛

農曆新年前後，天氣寒冷，火鍋店大賣廣告，多以肥牛作招徠，一盤盤的肥牛片，肉色鮮明，紅白相間，香港不下雪，但肥牛的雪花令人食指大動，只是看看也會激惹起吃火鍋的心情。可惜我家人少，不是吃火鍋的環境。在city'super見到十分可愛的肥牛肉片，便買下兩盤，再買一條洋大蒜，先炒蒜，再快炒牛肉，然後同炒在一起。牛肉脆而嫩滑，油脂甘腴，入口融化；大蒜沾上牛脂，甜而香，兩者相配，有如牡丹綠葉。我們和攝影師三人吃光這一大碟好餚，仍有意猶未足之感。

現時香港兩大超級市場，都有肥牛片應市，來源都書明在包裝上，但在凍肉店的貨品，便沒有清楚表明出處，頗耐人尋味。往網上一查，中國很多地方都飼養肥牛，除了肥牛本身的分類，從牛隻身上不同部位割下來的肥牛片，也有多種，加上中港台三地對肉類不同部分的稱謂，各有所本，並未有劃一的名稱；對於像我這等想找尋資訊的消費者，實在幫不上忙。「肥牛」一詞，最先見於二千多年前，《楚辭》一書中之「招魂」內，據說是宋玉的作品，有一句詩說：「肥牛之腱，臑若芳些」。肥牛是指特別養在「廄」內以供祭祀或食用的牛，廄即今日的牛欄，古人用燉得芳香腴美的肥牛筋，吸引先人的魂魄回家享受。中國有四大優質黃牛：秦川牛、南陽牛、魯西黃牛和晉南牛，香港現時在本土屠宰的內地黃牛多來自蒙古、北京、廣西、湖南、河南等地。至於常掛在香港人口中的肥牛，是指準備用來放在火鍋內食用的牛肉，既不是牛的種類，也不是用特別方式飼養至肥後方屠宰的牛；而是採用牛肉的某一部分，經過陳化（aged）處理，壓製後急凍切薄片而成。從超市的肥牛包裝上，可見到肥牛片來自不同的產地，有美國、加拿大和中國三種，所取部分通常為牛的第二條到第六條肋骨之間的肉，順紋切成薄片，滿佈雪花，這種肉片最適宜放在火鍋內涮食。

我因為無法把中國內地的肥牛片的名稱，伸延至香港市井上牛肉檔的俗名，與其平排並列代入，更不能把我慣知的美國牛肉部分的名稱，與中國或香港的稱謂一一嵌上去，時常覺得迷惘，大有食而不知其名之苦。在美國，牛肉部分的名稱根本並沒有「肥牛」一項，有的話，只叫做「boneless short rib of beef無骨牛肋條肉」，不算是上等的牛肉。反而在亞洲超市便有供應，出自哪一牧場也會說明，日本超市內連和牛的肥牛片也有出售，相信是同一部分。肥牛片不一定要獨沽一味涮法才好吃，其實日常飯餐，炒肥牛片真的十分可口，而且手續奇為簡單，肥牛早已切成片，不用加工，拌入些調味料，加些香口蔬菜，下鑊不消三、五分鐘便大功告成，只要曉得拿起鑊鏟的人都可以做得到。不過，肥牛片富含脂肪，加熱之後脂肪化成油，涮在火鍋內片時即夾出，不易分辨，很容易吃過頭。但一炒便滿鑊是油，鏟出牛肉後，留在鑊底的油看得我心驚膽跳，以我這把年紀，還是抑制一下好了。請大家不要忘記「少食多滋味」呢！

大蒜炒肥牛

準備時間：約25分鐘

材料

美國肥牛片............ 280克
美國大蒜......1條，300克
油.............. 2茶匙+1茶匙
鹽........................1/4茶匙
雞湯 1/4杯
蒜....................1瓣，剁茸
麻油 1/2茶匙

調味料

黑胡椒.................1/2茶匙
鹽........................1/4茶匙
大孖牌頭抽.............2茶匙
糖 .... 少許
紹酒 1茶匙

> **提示**
> 牛肉加入調味料用筷箸分開時容易弄碎，可用手輕捏。

想要節省一點，可用中國肥牛片，用京葱也比洋大蒜經濟得多。

準備

1 將大蒜近根部分切去約1厘米❶，以小刀從頭部從中央割入，一直向綠色部分割去❷，然後雙手張開大蒜，再往上拉開❸，便見每莢都藏有泥沙❹，放在水下逐莢沖洗淨❺，瀝水後切成約5厘米長段❻。

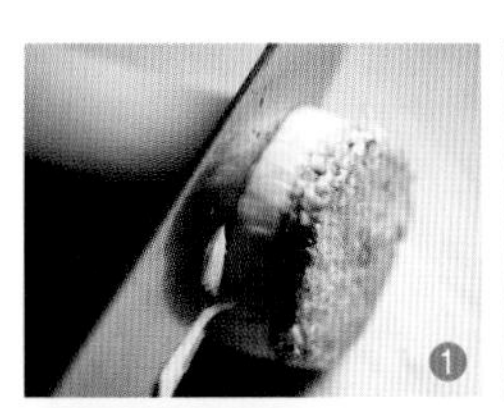

2 大碗內抖散肥牛片，依次加入黑椒❼、鹽、頭抽、糖和紹酒❽，用筷箸拌勻❾，最後加入蒜茸❿，用手拌入牛肉內⓫，醃約15分鐘⓬。

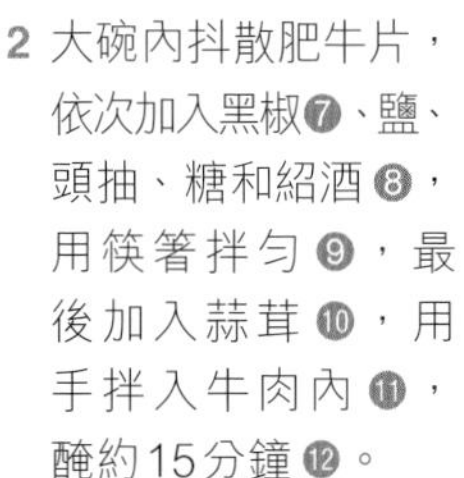

炒法

1 置中式鑊在大火上，下油2茶匙，加入大蒜段❶，用筷箸和木鏟一同鏟散❷，下1/4杯雞湯和鹽❸❹，煮至大蒜身軟便鏟出。

2 沖淨鑊揩乾，置於大火上，鑊紅時改為中火，下油1茶匙搪勻鑊面，即加入肥牛片❺，排成一層❻，一見牛肉脱生轉色便急急用雙箸挑散❼，再加入炒好大蒜一同拌勻❽，下麻油包尾便可上碟❾❿。溢出的牛油盡量留在鑊底，以防牛肉脂肪過多。

牛腱與甜豉油

牛腱燜炸豆腐

周日我們常在老朋友黃景文家中打橋牌，必在他家晚飯，吃的是正宗印尼菜，有一道常會吃到的印尼燜牛花腱，調味很有特色。他的傭人是直接從印尼家中調來的，所以燜法與我們不同。醬油是用印尼甜豉油，牛腱橫切約1.5厘米厚，但加入了炸豆腐和粉絲，燜牛腱的汁液完全讓炸豆腐和粉絲吸透，我們寧可捨肉而就配料。

説到印尼甜豉油(kecap manis)，倒也引起我的好奇。我的印尼傭人，絕不愛用甜豉油，所以我們沒有養成這個習慣。印尼甜豉油以雅加達的鍾穎豐豉油廠的出品為最正宗，歷史也最悠久。這個豉油廠設備很特別，除廠房外還有一個養豬場和一個好大的農場，農場種植了玉米、大豆和甘蔗，大豆和甘蔗是釀製甜豉油的原料，釀好豉油餘下的豆渣和玉米是豬的最佳飼料，大豆萁和甘蔗是煮豉油的燃料；而豬的排泄物又是農場大豆的肥田料。週而復始。

現在從環保的角度去看，鍾氏的甜豉油廠在很早以前便自然奉行今日我們極力提倡的可持續生產法，做到了物料的綜合利用和零廢料排放，所以能在印尼和海外家傳戶曉。膾炙人口的印尼菜如豬肉沙嗲、油炸豆腐、紅燒牛肉和羊肉、印尼炒麵等都離不開甜豉油。

我不能多吃糖，所以與甜豉油無緣。平日愛吃的滷牛腱，用的是台灣壺底蔭油加港產醬油，有時會買到新鮮的牛腱，雖然不是金錢腱，但纖維中有牛筋相間，頗為適口。最好吃的還是那些炸豆腐，吸足了不太鹹的汁液，真是比肉還勝。

台灣壺底蔭油的稠結度與甜豉油很相近，但甜味稍輕，最著名的蔭油是出自丸莊的「螺光」和「螺寶」兩種，全用黃豆和黑豆自然釀製；因為價貴，懂得欣賞的人又不多，至今仍未能在香港普遍使用。至於粵廚慣用的黑珠油，小時聽家人説過是製酒精時的副產品，叫做「桔水」。但現時製酒精的技術進步了，沒有這種副產品，市上的黑珠油，都是用大豆和小麥加焦糖釀製，很多醬園都有自己的牌子，來自新加坡的質素極佳。

牛腱燜炸豆腐

準備時間：約1小時

材料

牛腱 ....1條，約700克
油炸硬豆腐................ 1塊
油 1湯匙
淡雞湯.................... 1/2杯
麻油 1/2茶匙

燜牛腱料

八角 1粒
花椒 1茶匙
老薑 30克
蒜............ 1瓣、連皮拍扁
乾葱頭....................... 1顆
冰糖或片糖.............1湯匙
大孖頂上頭抽......... 1/4杯
台灣壺底蔭油.........2湯匙
紹酒 1/4杯
淡雞湯.......2杯＋水約4杯

任何一種牛腱：大腱、花腱或金錢腱都可用。如無台灣壺底蔭油，可代以九龍醬園的滴珠油。

準備

1 牛腱置工作板上，先在一頭依中線放上棉繩 ❶，開始沿牛腱捆綁，每隔2厘米便捆一環 ❷，至全條捆好為止 ❸。

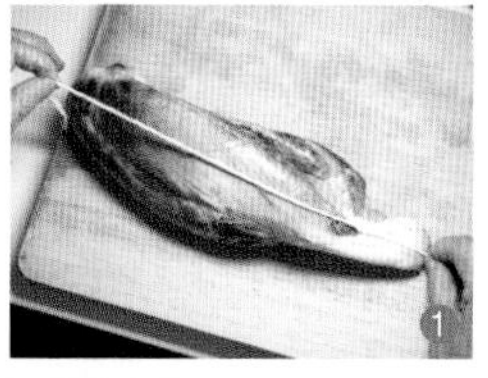

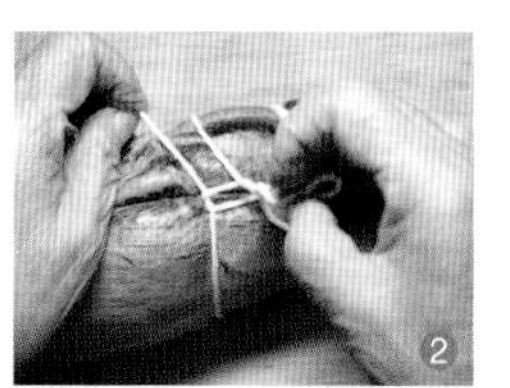

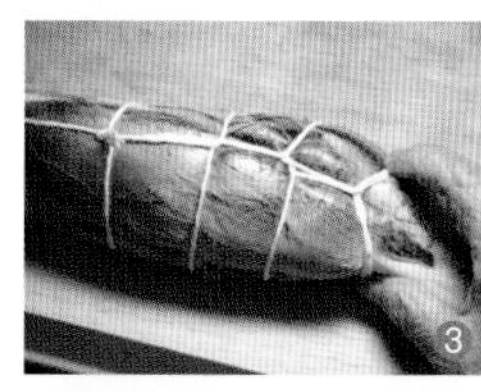

2 放牛腱在開水內汆 ❹ 至脫生並定形 ❺，移出在冷水下沖去表面上的肉糜，置於3公升的小鍋內，投下已放進八角和花椒的茶包袋、老薑、蒜和乾葱頭，加淡雞湯和水蓋過面 ❻，大火燒開後先下冰糖 ❼ 或黃糖方下兩種醬油 ❽ 和紹酒 ❾，蓋起，不時揭蓋撇去浮泡 ❿。

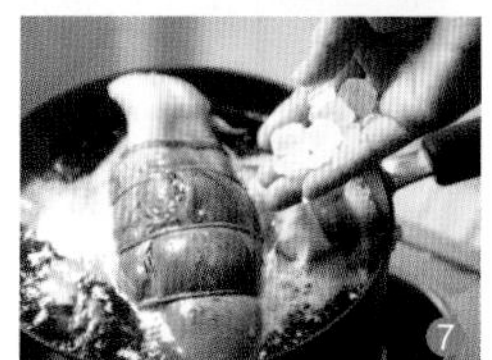

3 煮牛腱約40分鐘，以竹筷容易插入為準。移出擱冷後放入冰箱內冷藏待用。是時鍋內應有1.5杯的滷水汁，留用 ⓫。

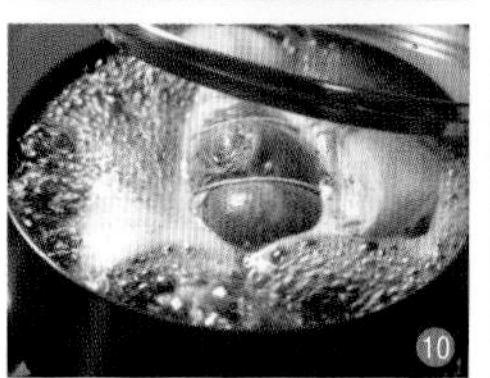

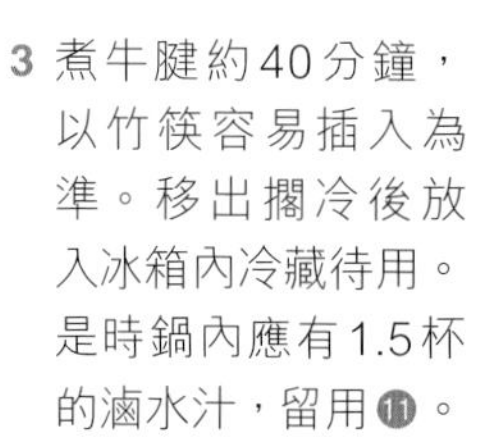

提示

1. 台灣壺底蔭油在中環有食緣或九龍永安百貨公司地庫食品部有售。
2. 油炸豆腐可代以油炸豆腐泡，但吸收汁液後會較鹹。

燜豆腐法

1 牛腱經冷凍後，移出先切2厘米厚片❶，再切成大塊❷。

2 炸豆腐放入大碗內，加入開水泡浸以去油膩❸，切成8長方塊❹。

3 平底易潔鑊置於中火上，下油1湯匙煎炸豆腐至切口色呈金黃❺，將燜牛腱留出的汁液倒入❻，再加雞湯1/2杯同燜，至炸豆腐入味❼，將之撥向鑊邊❽，加入牛腱塊❾，燜至掛上汁液❿，以小火收乾汁液至約餘1/2杯，試味後下些許麻油便可上碟供食⓫。

紅燒技法

大葱塞牛肋骨

在雜誌寫食譜，只須專注在食材和方法，以成品和步驟圖片輔助，再加一段與該菜饌有關的短文，就是完美的組合；不像在課堂上教烹飪，先要介紹烹調原理，再以示範去闡明，是學術與實踐的結合。想不到轉眼一寫便是十年，我仍然本着食譜和理論相輔相成的意念，沒有刻意用文字解釋某種烹調的技法；加上現代數碼攝影實在太方便了，有甚麼説不清的，都有圖片助陣，一目瞭然，減去作者和讀者之間的隔閡。

想起以前在美國大學營養系教《中國飲膳計劃》時，教師要編寫課程，將整個學期的教學內容，印在一張綠色的紙上，在第一課向學生分發，以後便按着課程進行。當時我分中菜技法為炒、蒸、煎、炸、紅燒、白浸、烤焗和泡油，採用的教學材料，以能在一般超級市場可以買到為主。美國學生最感興趣的是炒法，一窩蜂的去買隻中國鑊，學了便急不及待去請客，大顯身手，即炒即上，再加上早已準備好的白切雞和紅燒牛肉，便可一償中菜宴客的宏願，傲視友儕。我在紅燒一課中，包括了三種紅燒：紅燒牛肉、紅燒豬肉和紅燒魚，學生都全部接納，在家實習如儀。本來做紅燒牛肉，最好是牛腩，其次是原條牛腱，但要光顧離開學校頗遠的中式超市，所以我改用美國人燜煮常用的一種牛肉，稱為7字骨牛肉。

7字骨牛肉，是牛肩上一塊肉，當中有一條7字形的骨頭，故有此名，是牛肉最粗但味道最濃的部分，起碼重四、五磅，厚2吋。一般家庭買來煎黃後放在厚身燉鍋內，加入一些現成的調味料諸如洋葱湯包，番茄湯包或不同的香草鹽、胡椒等等，加水蓋起放在烤爐內，不用看顧，焗約兩小時便可，經濟而簡便。中式紅燒7字骨牛肉可以在最後一段時間加入蔬菜，有菜有肉，的確是主婦的恩物。美國學生吃膩了，問我怎樣才可以把這技法提升，能否改用另一種牛肉？為應學生要求，我想到京菜有大葱塞肉這道菜，用的是豬排骨，煮至骨頭從肉中鬆開，把骨拉出，塞回大葱，燜至葱香肉酥而成。我用了牛肋骨，塞進去的是美國大蒜，材料上邁進一大步，技法仍採紅燒，學生都樂於改動。後來我把這食譜收進我用英文寫的《漢饌》中。

因為不似年輕時可以多吃肉，早把這道好菜忘掉；近日苦於找不到題材，我於是決定重做一次。可惜遠道運來香港的美國大蒜太大條，不合用，便改用北京大葱，想不到北京大葱比美國大蒜還要香甜，反而有意外的驚喜。所謂紅燒，不外乎將肉切塊，汆水或爆香後移出，加入帶色調味料如醬油，糖等，煸炒上色後，方加入適量水或湯，用大火燒開，放下處理好的肉塊，改用中小火加熱，至肉塊酥軟完全入味，最後用大火收稠汁液，勾芡便成。醬油要盡量用最上等的，為使醬油上色，竅門是先加糖與醬油同炒至糖溶後方可加水。其實每一步驟都附有圖片，只因篇幅所限，不便把原理詳細寫出，又不能長篇大論的，否則讀者一定悶死了。

大葱塞牛肋骨

準備時間：約1小時45分鐘

材料

牛肋骨 1,000克
水 2公升
油 .....2湯匙+2茶匙(隨意+1茶匙)
薑 2大片
蒜 .... 2瓣，拍扁
北京大葱 ... 3條，約375克
麻油 1茶匙

紅燒汁

頤和園金標生抽 1/4杯
台灣螺王壺底蔭油 ... 1湯匙
白糖或黃糖 1湯匙
鹽 .... 少許
紹酒 1/4杯

牛肋骨在香港的高級超市經常有切好一塊塊約(7x5)厘米的長方塊，但街市的牛肉檔便沒有這種切法。一些進口肉食批發商會有整塊的牛肋骨，是牛的第二條至第六條肋骨，要請肉商代為從中割開。

準備

1 撕去牛肋骨面上脂肪❶，放入4公升湯鍋內，加水半滿❷，置於中大火上，燒至水開時投下牛肋骨，燒至水再開時便見有肉糜浮在水面，用密眼小篩子撈出❸，繼續以中火煮牛肋骨至中央之骨頭突出，約需25-30分鐘，移出以冷水沖淨❹，牛肉湯要隔去浮油❺。

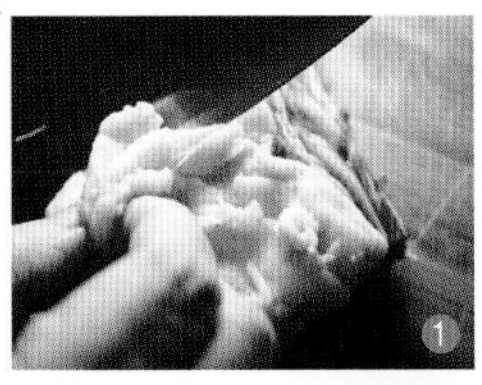

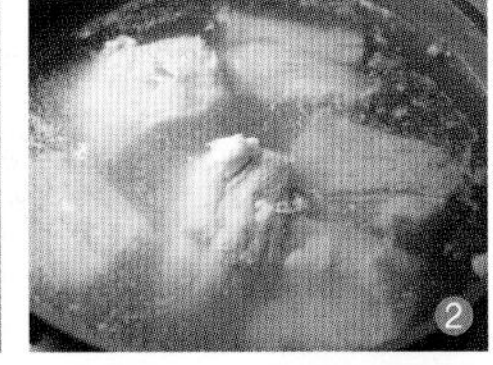

2 以小刀伸入骨頭與牛肉之間❻，小心把骨鬆開移出，中間使有空位❼。

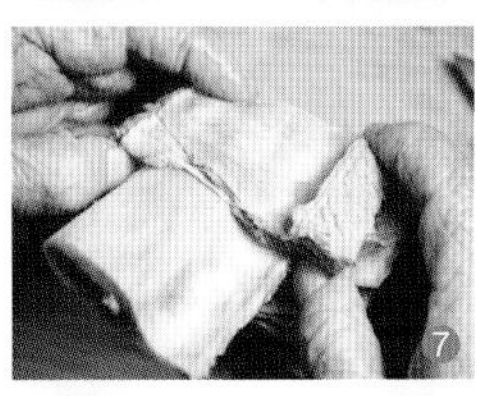

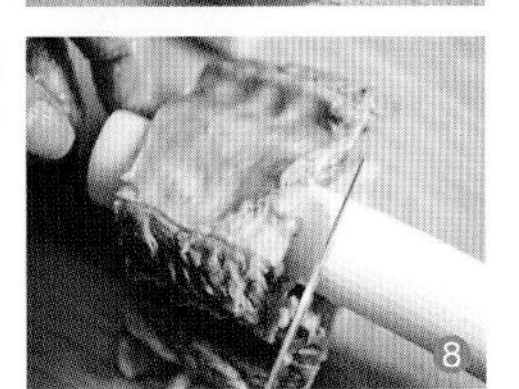

3 京葱洗淨去頭，從牛肋骨的開口塞入❽，兩頭伸出約1厘米，切斷。其餘尾段斜切約2厘米段❾。備好生抽、蔭油、糖、紹酒、鹽，待用❿。

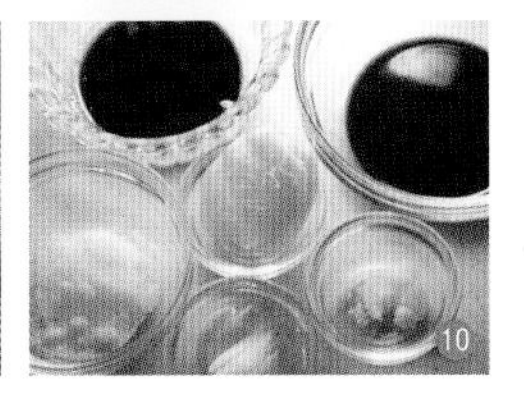

提示

可選擇將汁液先行把煮爛的大葱隔去方淋在肉上，以增光亮感；若家常食用便不需如此。

紅燒法

1 厚身平底易潔鑊於中火上，燒至鑊紅後下油1湯匙搪勻鑊面❶，加入牛肋骨❷，煎至四面金黃，移出倒去鑊內的油，揩淨鑊。

2 下1湯匙未用過的油，爆香薑蒜❸，加入生抽❹，煮至滾時下糖❺，不停鏟動，至糖溶生抽起泡，再加入壺底蔭油、紹酒和鹽，是時加入全部已隔清的肉湯❻。

3 加牛肋骨入湯內❼，煮至湯滾後撇清浮泡❽，加蓋用中小火煮30分鐘。另用一鑊以2茶匙油炒大葱至半熟❾，加入牛肋骨內❿，再煮約15分鐘至餐叉容易插入便夠腍軟⓫。

4 夾出牛肋骨至碟上，將汁收稠至餘下約1杯左右，加麻油1茶匙在汁內，淋在牛肋骨上。可另用油1茶匙炒1條大葱作裝飾，圍在碟旁供食。

雞翼雜談

冬菇臘腸蒸雞翼

雞翼可說是香港最普遍的食材，無論小食店、大小酒家，尤其快餐連鎖店，都有雞翼的菜式，林林總總，數之不盡。一說到雞翼，大家不期然會想到雞翼是急凍的。

自從禽流感殺雞事故發生後，政府立例飭令街市雞販在每日收檔前要將未賣完的活雞完全宰清，這些留在冰箱內過夜的雞，翌日化整為零，分斬成不同的部位出售，便成所謂「水盤雞」。很多時傭人會買到這些冰鮮的雞翼，質素頗高。雞翼真是老少咸宜的好東西，但雞翼皮厚脂肪多，尤其外間食店都以炸為主，增加更多的油脂，淺嘗多滋味，多食無益。其實在家中烹製，可選焗或蒸的，風味殊不俗。香港外傭帶來自己的雞翼文化，菲傭最拿手焗雞翼和煎豬排，家中有小孩子的，習慣了她們的濃重口味，都不作他想。印尼食制以煎炸為主，印傭把雞翼煎得金黃香脆，十分可口，極受歡迎。況且急凍雞翼所費無幾，家家冰格內都有一包，以備不時之需。我家印傭恪守回教教規，不食豬肉；我們多時會吃有豬肉的菜式，她便煎些雞翼作自己的私房菜。她先用印尼甜豉油和指天椒醃好雞翼，煎好雞翼再用乾葱頭、蒜頭，指天椒和甜豉油做個汁，正好下飯。我們廣東人忌食辣，指天辣其辣無比，一煎起來，辣味瀰漫全屋，嗆喉難耐，久久不散。

我一向認為一隻雞之中，最好吃的部位是雞中翼，皮嫩肉滑，用任何一種烹調方法都不失本色，但經過急凍便失去鮮味了。自從發覺在街市有冰鮮一夜的本地雞翼，我便多吃雞翼了。新鮮雞翼包括四段，最頂的是一小塊相連的胸肉，然後是上段、中翼和翼尖。集合數塊胸肉可以打成雞茸作湯，其他部分可隨意烹製。外子最喜上段，我家的慣例是出骨後加些好味的配料去蒸，四隻已足夠一碟了。我寫的食譜中，只有一個用急凍雞翼的，是菲傭的家鄉做法；雞翼解凍洗淨揩乾，放進小鍋內，加入醬油、檸檬、糖、乾葱、蒜頭和黑胡椒碎，不用加水，蓋起中慢火煮腍便可食。美國超市經常有冰鮮雞翼，我的外孫小時十分喜歡吃我煮的菲律賓式雞翼；現在我女兒仍會時常弄給他們吃，已成為家饌傳統之一。

雞翼加工也可十分講究。把鮮雞翼去了骨，釀回火腿條、冬菇條和冬筍條，蒸熟加上琉璃芡，便是家傳戶曉的名菜「龍穿鳳翼」。煮好了臘味糯米飯釀進去骨雞翼，炸香便成「糯米釀雞翼」。釀料更可精緻高貴，用燕窩去釀雞翼是登峰造極之作，皮炸得香脆，釀餡的燕窩，清鮮汁多，但手續煩瑣，這種「燕窩釀雞翼」只有一兩家食肆供應而且要預訂。蒸雞翼不止要用新鮮雞翼，配料也得細心選擇。我比較挑剔，喜用小朵的野生冬菇和黑木耳，未經硫磺燻過的金針菜，新疆產的大雪棗，和灣仔新記用健味豬肉、不加防腐劑製成的臘腸。主副料相配得宜，調味料中又加入日本蠔油和大孖牌頂上頭抽，只是說起來也會垂涎欲滴哩！

冬菇臘腸蒸雞翼

準備時間：45分鐘

材料

新鮮雞翼 ...6隻，約600克
野生小香菇.............30克
野生黑木耳............2湯匙
金針菜.....................20條
新疆雪棗..................4顆
健味豬肉臘腸............1條
薑.............................3片
葱白..........................2棵

調味料

日本蠔油................1湯匙
大孖頂上頭抽.........2茶匙
鹽......... 1/8茶匙(或多些)
糖.......................1/2茶匙
胡椒粉......................少許
紹酒.......................2茶匙
生粉.......................2茶匙
油...........................1湯匙
麻油.......................1茶匙

急凍雞翼與新鮮雞翼味道相差極遠，犯不着下這番出骨的功夫，可用中翼，斬件可矣。

準備

1 切出雞翼附着的小塊胸肉❶，在關節上切一刀❷，拉出鎖骨❸，把筋剪斷❹便餘上段、中翼、翼尖三節，分別切出。

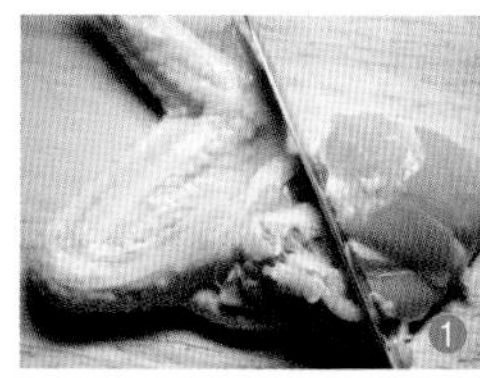
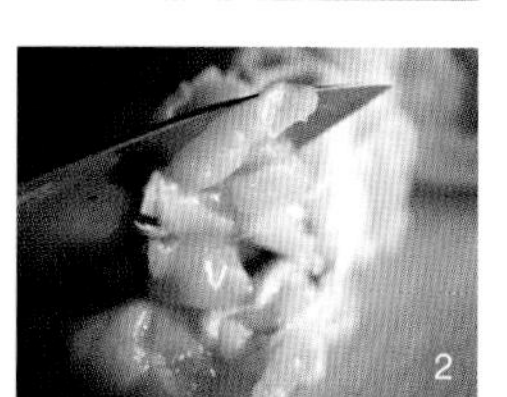
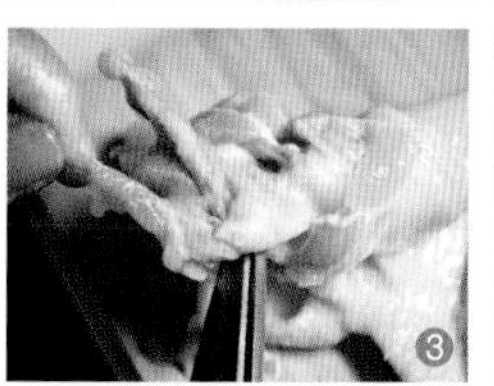
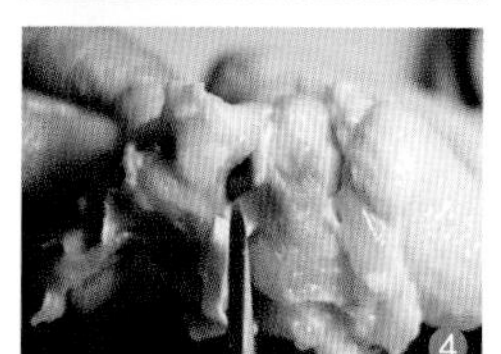

2 置雞翼於工作板上，皮先向下，在第一節和中翼間的關節切一刀❺，雙手各執一頭，向上拗起❻，一拉便露出中翼的兩條柱骨❼，把雞肉連皮向下推，先後拉出兩條柱骨❽，切去骨蓋❾，又在中翼與翼尖之間的關節下刀，斬出翼尖留用❿。

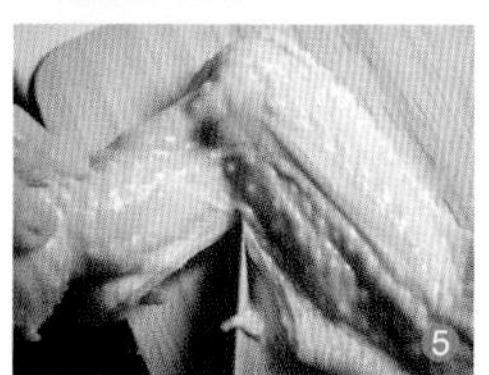
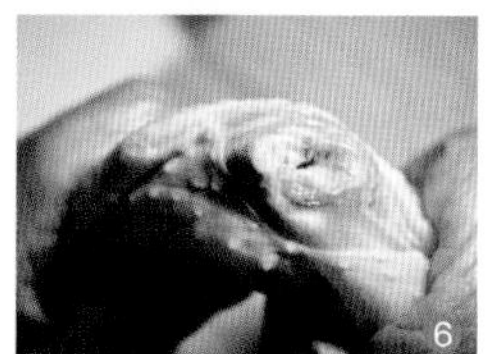

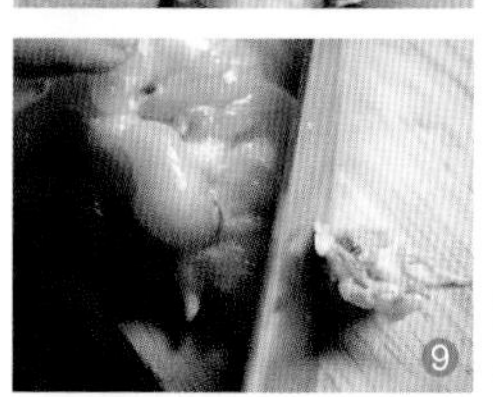
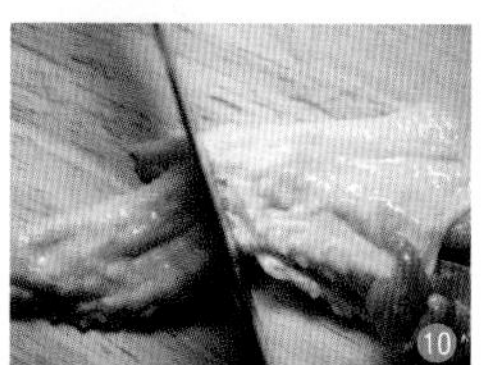

3 第一段用刀尖分開骨和肉，把肉剔出來⓫。改去雞皮可見脂肪，整隻雞翼出骨完畢⓬。

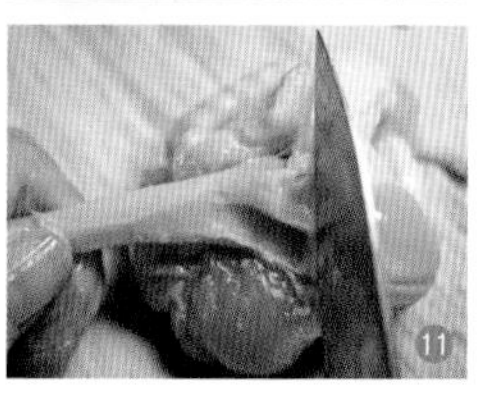

提示

採用野生材料只是作者個人的偏好，讀者可隨意利用普通材料。野生冬菇、野生木耳、新疆雪棗、原曬金針在蘇杭街菁雲有售。

4 野生冬菇浸軟去蒂，擠乾水⑬。金針菜洗淨去頭，擠乾水後打結⑭。野生木耳浸軟剪去蒂，瀝乾水⑮。雪棗去核⑯，每個直分為4瓣⑰。臘腸汆水⑱，切薄片⑲。

5 薑切絲，葱只用葱白，切段⑳。

蒸法

1 置雞翼塊在大碗內，依次加入蠔油、頭抽、鹽❶、糖❷、胡椒粉、紹酒❸和生粉❹，油、麻油下至最後，一同拌勻❺。

2 分別加入臘腸、冬菇、金針、木耳、雪棗和薑絲、葱段❻，拌勻後轉盛至深碟內❼，上鑊以中大火蒸10-12分鐘❽，熟後供食。

大蒜漫談

蒜瓣燜雞

我家在美國加省聖荷西市(San Jose)最南端的阿馬旦谷(Amaden Valley)，以南三十哩為小鎮嬌來(Gilroy)，是美國最大的大蒜產地，產量約佔全國之九成。每年七月底，該鎮為籌募當地公立中學的經費，特地舉辦為期三天的大蒜節，吸引了不少加省的遊客。

蒜節的場地選在近郊的一個大公園，而且開闢一個可容萬部車的停車場，公路上絡繹不絕的車輛，把引到嬌來的兩頭公路擠得水洩不通，報章也提早報道，指導遊客採取較暢順的通道。我們怕擠塞，只到過一次，還是從我家山後的小路繞過去，只此一遭，見識過後再不敢問津了。

在蒜節場地內我們吃過很多蒜味香濃的食物。最特別的要算是大蒜雪糕，其實只是盛在半個蜜瓜內的雲呢拿雪糕，加了非常細碎的大蒜茸而已。其他的不外有瓶裝的醃蒜、蒜茸、蒜粉、蒜醬、脫水蒜片和蒜粒等等，應有盡有；但最受歡迎的是原棵大蒜編成的辮子，一串有十二頭，買來掛在廚房內既可作裝飾物，也可隨手拈來燒菜。另有大蒜香水，是甚麼味道，真是個謎。

在蒜節場地內有不同的廚子示範與大蒜有關的菜式，遊客可隨意站在示範台前，來去自如，不合心水的便又離去。我看到一位廚子正在示範用40蒜瓣燜雞，覺得有趣，便停下來觀看。據報上介紹，這是蒜節最受歡迎的烹飪示範節目，每年有不同的示範者，同是用40瓣蒜，烹法也人各不同。蒜節最後一天還有烹飪比賽，得獎者的食譜和名廚示範的食譜結集成冊之後，會在翌年的蒜節出售。

說到用40蒜瓣燜雞，其實源於法國菜，蒜瓣不去皮，用6瓣和蔬菜瓤入雞腔內，放整隻已加了香草和香料醃好的雞在厚身燉鍋內，旁圍其餘蒜瓣，加入白酒，放進華氏400度的烤爐烤1小時20分鐘便成。

烤雞需時太長，不適用在蒜節這種場合，當天我看到的示範，是雞斬成塊，在平底鑊把雞塊煎好，加入奶油和不經炸過、去了皮的蒜子同燜便成，是西式的。回家後我曾改為中式，試烹多次，覺得很不錯，蒜子吸了雞的味，雞塊也滿有蒜子的香味。但頗奇怪，家人一向對瑤柱蒜脯或蒜子燒腩燜鯰魚絕不抗拒，對不經炸過的蒜子便有點遲疑，我卒於把蒜子炸過與雞塊同燜，方被接納。

在香港的酒家，我吃過幾次瑤柱蒜脯，蒜子是炸過的，同桌的食友好像不太熱衷，大概蒜子味道濃重，吃了在口腔內留下異味，恐怕社交上失儀。其實只要吃後用濃茶漱口，或喝一些帶酸性的飲品，都有驅除蒜臭的功效。

除了氣味，剝蒜子也是一大考驗，生剝最吃力，不小心割破蒜瓣，流出蒜汁刺激了皮膚，會感到赤痛，還要用檸檬擦手以去蒜味。最近我找到一個剝蒜子的妙法，就是先把蒜子連皮投在一鍋開水內，煮水至再開便可倒出過冷河，是時蒜皮一脫即出，省去很多麻煩。

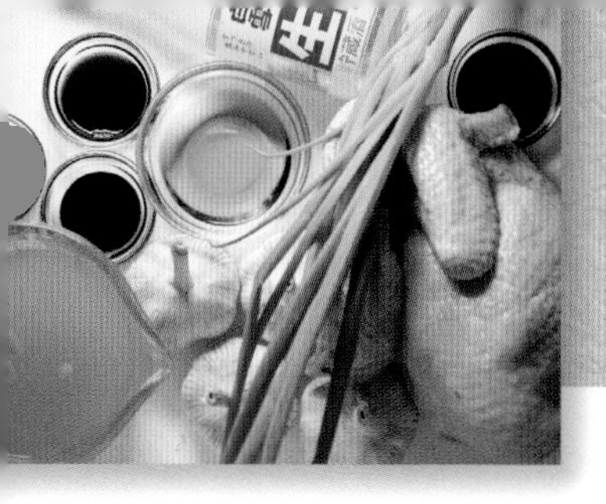

蒜瓣燜雞

準備時間：50分鐘

材料

新鮮光雞...1隻，約1,000克
老抽........................2茶匙
紹酒........................2茶匙
胡椒粉.................1/8茶匙
鹽........................1/4茶匙
油...........................2湯匙
大蒜.........................4頭
葱....................1棵，切粒
雞湯......................1.5杯
日本清酒..................1杯
水.............................1杯

調味料

蠔油........................2茶匙
頂上頭抽................2茶匙
生抽........................1茶匙
糖........................1/2茶匙
鹽........................1/4茶匙

準備

1 蒜頭分瓣，取40瓣大小相等的，投在開水內❶，燒至水再開便移至水下沖冷❷，蒜皮經加熱後一脫即出❸，切去蒜肉底部的硬塊❹。

2 雞先斬去腳❺，切出兩腿❻，再切出兩翼❼，斬出全個雞胸肉，從中央分斬為2半，再斬成4塊。雞腿在關節處斬斷，分成2塊，共得10塊❽，其餘留作他用。

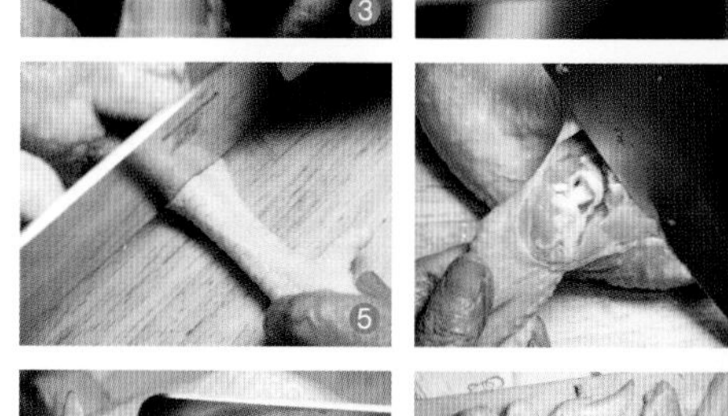

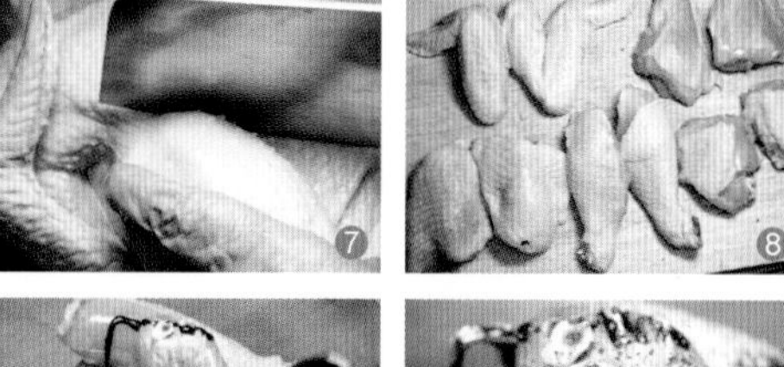

3 雞塊置大碗內，加入老抽❾、胡椒粉❿，鹽和紹酒⓫拌勻⓬，醃起碼20分鐘。

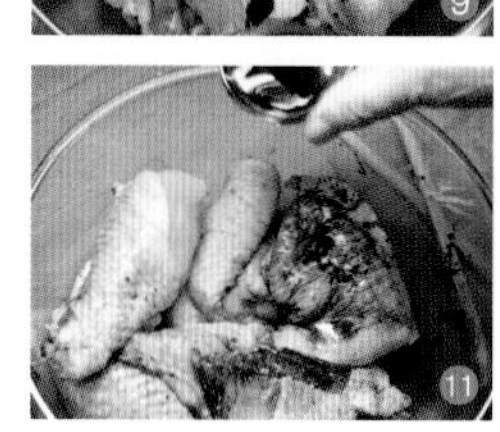

燜法

1 置中式易潔鑊於中火上，加入蒜瓣❶，白鑊烘至乾後，改為中大火，下油2湯匙❷，不停鏟動至蒜瓣顏色轉金黃便鏟出❸，留油在鑊。

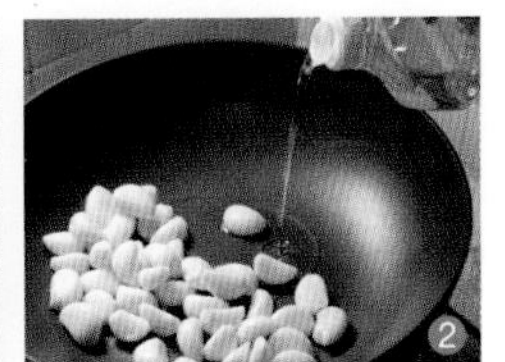

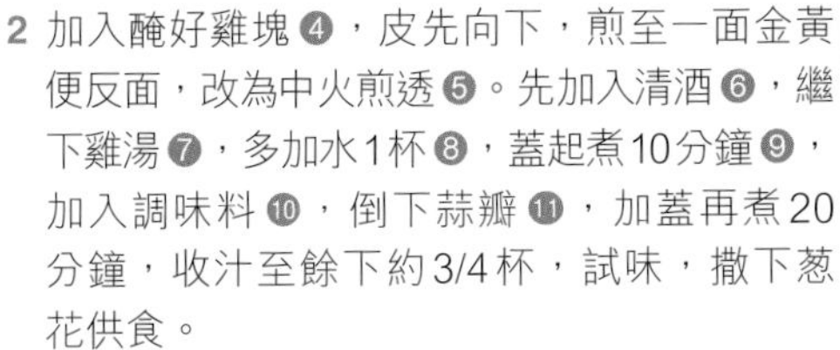

2 加入醃好雞塊❹，皮先向下，煎至一面金黃便反面，改為中火煎透❺。先加入清酒❻，繼下雞湯❼，多加水1杯❽，蓋起煮10分鐘❾，加入調味料❿，倒下蒜瓣⓫，加蓋再煮20分鐘，收汁至餘下約3/4杯，試味，撒下葱花供食。

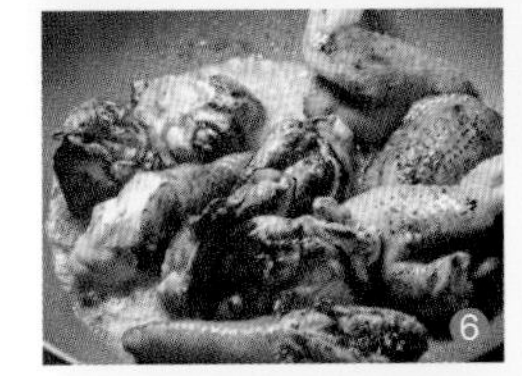

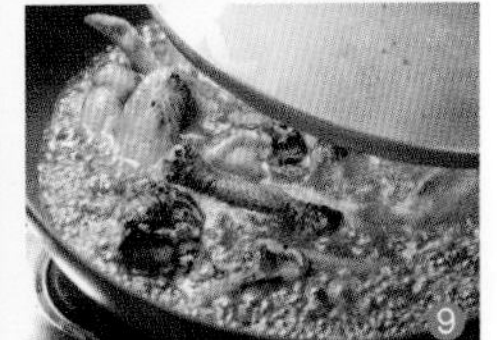

難得一遇

金針木耳燜鴨

今日香港的鴨子，全是急凍貨，大而且肥，以前本地飼養的米鴨早在市上絕迹，政府禁活宰生鴨，實施已多年，要買好鴨子，真非易事。

一天印傭上大埔買菜，帶了一隻鴨子回來，只有1,200克重，皮色奶白，脂肪不多，幼毛又少，在外表上是難得一見的上等米鴨。鴨是我的中醫訂下誡條中禁食之列，故甚少吃鴨，但我這次仍決定用來做食譜的主要材料。做一道菜，既要好吃，也要好看，鴨子龐然大物，烹煮時間長，至肉酥軟時外形已變，在我來説正是不堪上鏡。鴨要煮至夠身而形態仍然保持完好，不致皮破骨露的，煮婦非具耐性不可。手上有了鴨，要怎樣利用，大費周章。現時的酒家酒樓，除了片皮鴨，似乎沒有太多的板斧，數十年前的酒樓，長日都備有已炸好燜透的「紅鴨」，是鴨子菜的班底，有客點食，方始變出不同的款式，諸如陳皮鴨、洋葱鴨、菜膽扒鴨、菠菜冬菇燜鴨，甚至在紅鴨旁加上菜膽和蒸鵪鶉蛋便叫做月影珠圓鴨等，變化全操在大廚手中，客人也樂得有較多的選擇。陳皮鴨腿麵更是午點必備之一。

至於工序最繁的八寶鴨，不能現點現食，必須預先訂製。鴨子要先去骨成為全鴨方能瓤以糯米、蓮子、薏米、火腿、珧柱、冬菇、栗子和肉粒，炸好後還要放在大碗內燉軟，用燉出的鴨汁勾芡，上桌時切開鴨肉，露出瓤餡，食客多半捨鴨肉而選八寶餡。現時在香港仍然接受訂製八寶鴨的酒家只得兩三家，可見物以罕為貴。潮州人喜歡以鹹檸檬煮鴨湯。廣州人在暑天用冬瓜薏米蓮葉煲老鴨，我家平日甚少以鴨做菜。反而單用鴨胸比較方便，「紫蘿鴨片」是一道夏天的開胃名菜。近年有了中西合璧的融匯菜(fusion cuisine)，鴨子菜式方日見增加，家傳戶曉的「橙子燴鴨」，便是西餐室的常菜。最近重讀一本三十多年前出版的《上海食譜》，發現一道「金針木耳紅燒鴨」覺得這配搭很特別，又從1986年，廣州名廚黎和主編的《粵菜薈萃》中，找到很多以鴨為主料的食譜，其中「洋葱冬菇燜鴨」一菜，讀來似已聞到鴨的香味，於是我把兩個不同菜系的食譜，合而為一，呈現同一飲食文化內兩種不同菜系的結合。

金針雲耳紅棗蒸雞，是著名的廣東菜，但用木耳取代雲耳，在飲食營養上有很高的評價。木耳通常是黑色或赤褐色，背部為羽絨狀或白色，俗稱白背木耳，質地柔軟，含有豐富的膠質，具有洗腸、潤腸、減低血栓、緩和冠狀動脈的硬化之功，更可把殘留在人體腸道內的雜質都排出體外，是名副其實的腸道清道夫。而黃花菜含有豐富的卵磷脂，對增進和改善大腦功能有重要的作用，同時能清除動脈內的沉積物，對腦動脈阻塞有特殊功效，故又稱健腦菜。黃花菜內的碳水化合物、鈣、磷、鐵、胡蘿蔔素、核黃素都高於番茄和其他的蔬菜。它能降低膽固醇，有利高血壓者的康復，內含的粗纖維又能利便云云。這樣看來，用木耳和黃花菜一起去燜鴨，益處甚多，再加上冬菇和乾葱的香，鴨子肉嫩，全無臊味，大家開懷欣賞，只要把鴨油和鴨皮清除便可以了。

金針木耳燜鴨

準備時間：1小時10分鐘

兩斤以上的鴨子，不止難於處理，鴨肉也較老韌，選用兩斤左右為最合宜。

材料

米鴨......1隻，約1,200克
鹽..........................1茶匙
老抽......................2茶匙
油............2茶匙＋2湯匙
金針菜.....................30克
白背木耳.................25克
小花菇.........15隻，45克
紅葱頭............4顆，拍扁
薑........1塊，30克，拍扁
蒜...................2瓣，拍扁
紹酒......................2茶匙
雞湯.........1.5杯＋水2杯
麻油......................1茶匙
水.........................約3杯

燜鴨調味料

螺光壺底蔭油........1/4杯
蠔油......................2湯匙
大孖頭抽................1湯匙
老抽......................1茶匙
糖..........................1茶匙

準備

1 鴨子去腳及翅尖，從尾部剪開❶，拉出腔內鴨肺，剖去鴨臊❷。打開頸部開口，拉出氣喉❸，剪斷近鴨身的頸❹，再剪斷鴨頭下的頸❺，整條鴨頸便可移出，將鴨頭穿過頸皮，打一個結，拉緊❻。

2 放鴨在大碗內，以1茶匙鹽塗勻鴨腔❼，用老抽2茶匙擦勻外皮使上色❽，醃起碼1小時，不時翻面。

3 木耳浸軟，剪去底部硬塊❾，撕成約3厘米的方塊❿，中火煮10分鐘。

4 金針浸軟後洗淨去蒂，打結⓫。

5 冬菇沖淨去蒂⓬，置碗中加溫水1杯浸過面，留浸菇水。

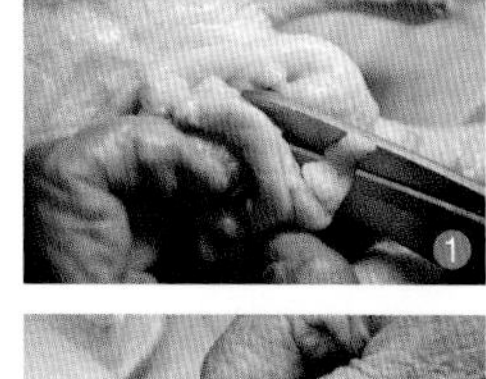

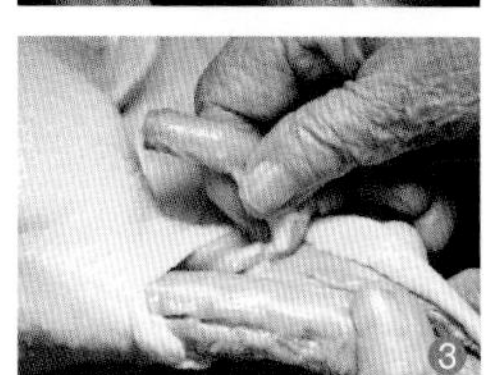

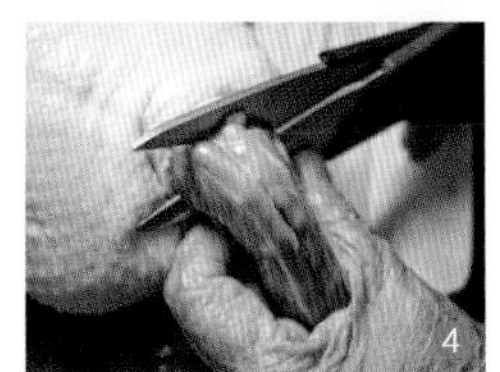

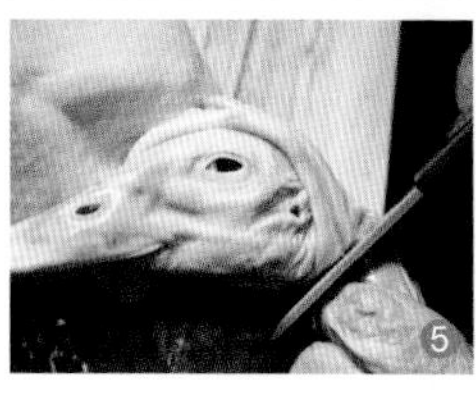

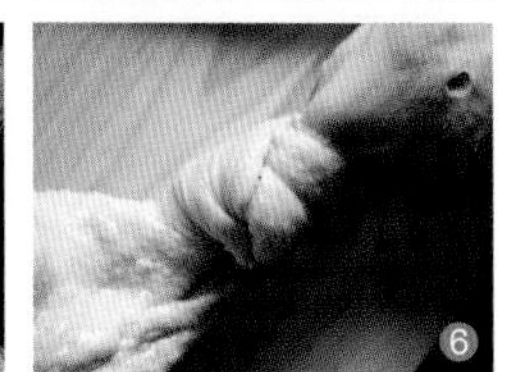

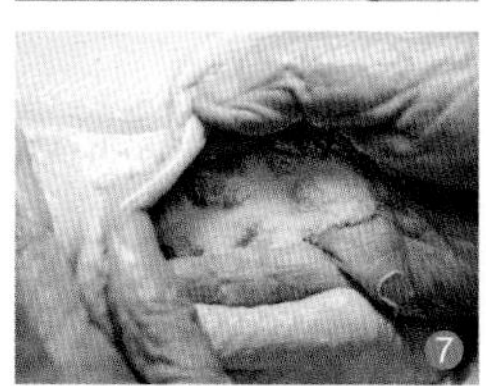

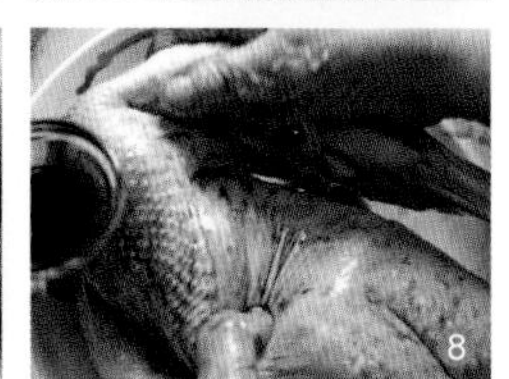

提示

鴨子稍擱涼後可斬成大塊，或用廚剪剪開。如欲鴨肉更酥軟，可將燜煮時間加長。

6 置中式易潔鑊在中大火上，下油2湯匙，爆香乾葱和薑塊⓭，加入冬菇、木耳和金針，灒酒⓮，鏟出留用。

燜法

1 置鑊回中火上，鑊熱時加2茶匙油搪勻鑊面❶，放鴨下鑊，胸先向下❷，煎至金黃後翻至背面，是時胸向上，亦煎至金黃❸。

2 將鴨翻側，腿貼鑊，煎至金黃後再翻至另一側面，把腿煎至金黃。鏟鴨出鑊❹。

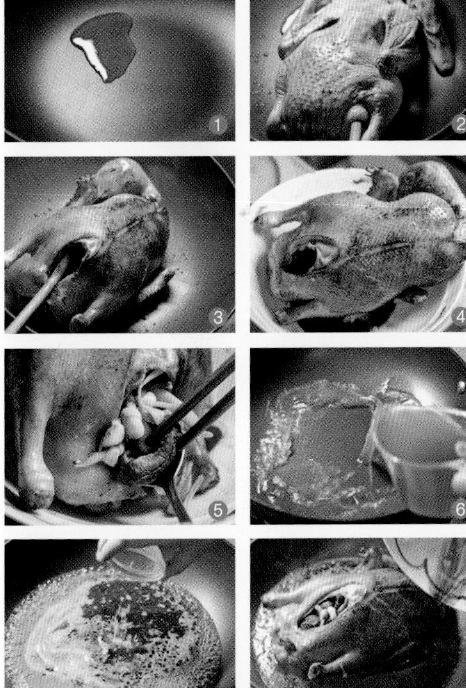

3 把木耳、金針、冬菇、乾葱、蒜塊和薑塊瓤入鴨腔內❺，盡量推入，移鴨出鑊。加雞湯和浸菇水入鑊❻，再加水約2杯，燒至湯開時加入蔭油、蠔油、頭抽、老抽和糖❼，放下鴨子❽，碗中餘下的醃料亦同時加入，湯再開時，將一部分的汁液灌入鴨腔內，瓤不完的材料在此時加入，再加水約3杯至鑊內，使汁液淹及鴨身一半，蓋起，以中小火煮30分鐘，翻面後再煮30分鐘。

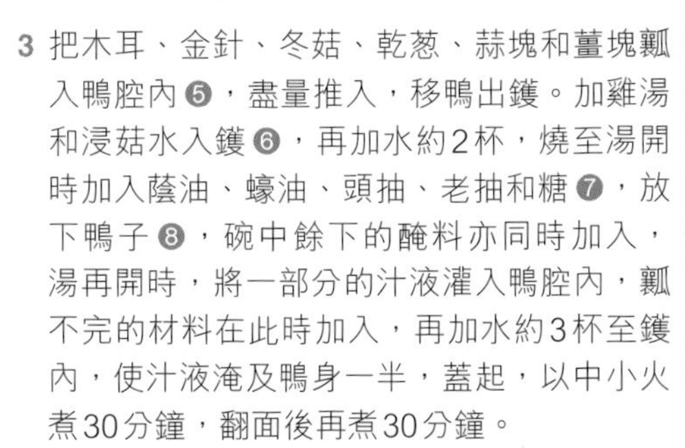

4 挖出鴨腔內的瓤料，散佈在鑊內❾，移鴨至菜盤上，下麻油，鏟出鑊內的金針木耳料❿，圍在鴨旁供食。

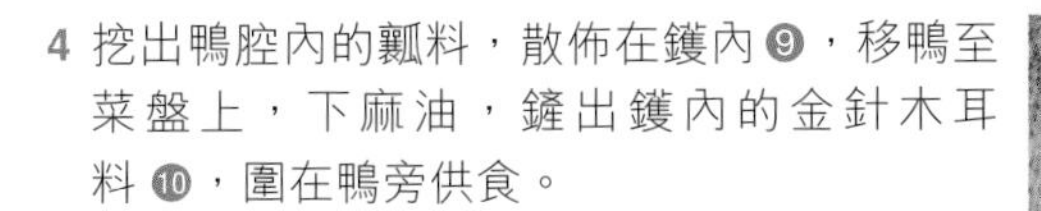

新年金橘

金橘燜鴨胸

上元節和情人節接踵過去，許多家庭的新年擺設陸續撤走，一切已回復正常了。但市上仍有金橘出售，是多項年貨中的碩果僅存。

今年(2012年)的金橘有點特別，與一般以前常見橢圓形的金橘很不同，近乎圓形，顏色似橙，果皮較厚而光滑，果肉多汁而清甜，咬口爽脆，簡直可當作水果。我們從農曆十二月初便開始買金橘，起初用來做果醬，雖然我摻了常規的代糖，但含糖量仍高，做了兩小瓶已可用多時了。往網上一查，知道這種圓形的金橘叫做瀏陽金橘，以果皮鮮甜芳香為最大特色，除了生吃，還可以切片，與生薑、陳醋、醬油做成佐料，蘸白切雞吃。這新的品種，和往日常見到的大為不同，使我想起我在美國的家所種的金橘樹，從苗圃買回來的時候只有1英呎高，等了兩年才開始結果，果是橢圓形的，當初數量不多。我們從香港退休回美，見到金橘樹逐年長高，果子滿樹，汁多味酸，不知如何發落，便把一部分用鹽醃成鹹金橘，其餘的全做果醬。鹹金橘要等多年，遇有喉痛聲沙，拿兩個搗爛，沖下開水，一飲便奏奇效，現在車房內，還存有數瓶陳年鹹金橘。就算在香港，我也有醃鹹金橘的習慣，一有需要，便可拿來應急。我家在美國加省的聖荷西市，市中心本來有個中國城，自從越南人大批移居該地區，開設了不少超級市場。越南人愛吃鴨腿，冰櫃內堆積如山，價錢只是美國冰鮮雞腿的兩倍，極受華裔歡迎，我們也不例外。到了金橘成熟，用來燜鴨腿，滋味無窮。鴨腿醃一晚，放入烤爐內燒至鴨皮金黃，肥油瀉出後方與金橘同燜，外孫們甘之如飴。舊金山以北的柏達隆馬鎮(Petaluma)，是加省家禽的飼養中心，所產肥鴨肝和鴨胸，足夠供應全加省餐室之用，但要到高級美食店方可買到，而且要預訂。當然鴨胸遠勝鴨腿，加上喜愛鴨胸的法國廚子巧奪天工，火候恰到好處，中心微紅，口感細嫩，配以金橘汁更是一絕。友人朱楚珠從法國回來，告我在巴黎吃到非常愜意的金橘燴鴨胸，鴨胸半熟猶生，配上金橘汁，簡直天衣無縫。一聽之下，我立刻躍躍欲試，但去到city'super，大為失望，已無我平日慣用的Rougi牌子鴨胸，而是另一種稱做Perigord的，只好買了。金橘也不是長形的品種，兩種材料都是首次使用，頗費周章。更大問題的是香港人擔心禽流感，見到帶血的鴨胸，不敢入口，若煮至全熟，無異暴殄天物，再三考慮之下，還是把鴨胸煮熟了，心中怏怏不樂。再加上瀏陽金橘太甜，欠缺長形金橘的醒胃酸味，結果我加了檸檬汁和橙汁，總算把汁液調校好。鴨胸的肉味很濃，可惜比起半熟猶生的，口感遠遜多了。跟小輩談起金橘，大家都記得小時歡喜玩捏金橘，上學時把盆上摘下來的金橘帶在身邊，一面聽課一面在書桌下偷偷把金橘皮內的「泌」，用雙手的大拇指和食指，小心擠出，直至金橘變軟而半透明，便開心得眉飛色舞。那時的小孩子，沒有甚麼玩具，一顆小金橘，足以玩上半天。如今的小學生，雙手只顧打機打電腦，怎有餘暇做這些傻事呢！

金橘燜鴨胸

準備時間：45分鐘(醃鴨時間另計)

材料

法國冰鮮鴨胸...1塊，約400克
油..........2茶匙
乾葱頭..........3顆
蒜..........1瓣

鴨胸醃料

鹽..........1茶匙
黑胡椒..........1/4茶匙
上好頭抽..........1茶匙

金橘汁料

金橘......16粒，約300克
西檸..........1/2個
西橙..........1個
黃砂糖..........2湯匙
雞湯..........1.5杯
鹽..........1/2茶匙

> **提示**
>
> 法國人視鵝油鴨油為珍品，煎出的鴨油，不必棄去，可留作炒蔬菜之用。

法國鴨胸質優而價昂，可代以本地急凍番鴨，但肉質和味道相差一大截，這也是意料中事。

準備

1 置鴨胸在工作板上，皮先向下，改去鴨胸旁可見的脂肪 ❶，剔除厚膜，片去胸肉上的脂肪，鉗去鴨毛 ❷。

2 在鴨皮上交叉切紋，約4毫米深 ❸，鴨肉則斜切4刀，深約0.5厘米 ❹，在切口內擦上鹽和黑胡椒 ❺，用頭抽抹勻鴨皮 ❻，醃2小時，最好能醃過夜。

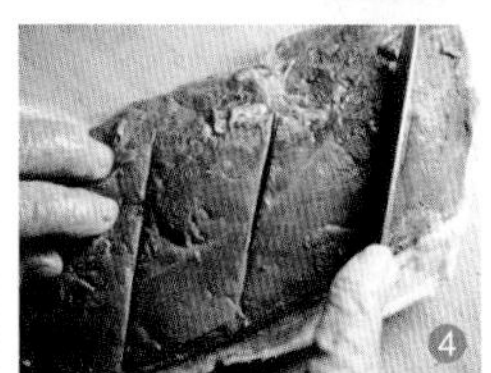

3 金橘去蒂 ❼，每個直切為兩半，挑出果核 ❽。

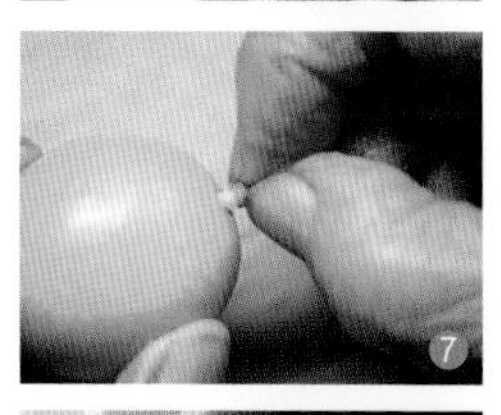

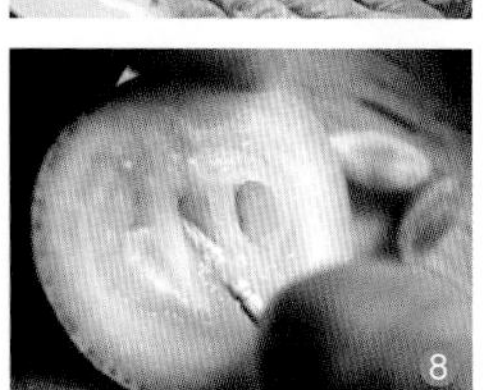

4 檸檬和西橙 ❾ 榨汁備用。

5 乾葱頭去皮稍拍扁 ❿，蒜瓣切片。

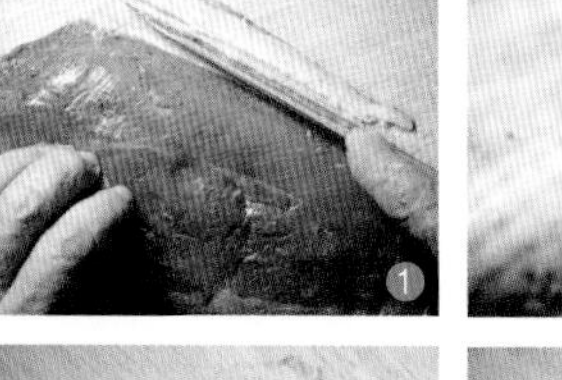

燜法

1 置中式易潔鑊於中小火上，下油2茶匙搪勻鑊面，放下鴨胸，皮先向下❶，用兩鏟平按鴨胸肉，煎至定型，皮色金黃時便翻面❷，同樣以兩鏟按住，每邊煎約5-7分鐘後移出待用。

2 倒鴨油至小碗內，加乾葱入鑊，炒至微黃身軟，下蒜片❸，再加入金橘一同炒勻❹，倒下檸檬汁❺和橙汁❻，繼下雞湯❼和黃糖❽，煮至汁滾❾，加入鴨胸，蓋起，煮約10分鐘❿，以竹籤插入，如無血水流出便是熟。

3 鴨胸出鑊後不宜立即切片，需擱置10分鐘左右。是時將鑊內之金橘汁用中小火慢慢燒滾至汁液變稠起泡沫⓫，便下鹽試味。

4 鴨胸切4毫米厚片⓬，直放在長形菜盤中央，排成一行，淋上金橘汁，兩旁擺放金橘供食。

泰國誼情

生平只到過泰國曼谷一次，是三十多年前陪外子到泰國參加中文電腦學術會議，白天無聊，跟着其他學人的眷屬一起觀光，走馬看花。曼谷的交通在當時已十分擠塞，與其説是遊覽，其實是光坐在巴士內，看着兩旁各式各樣的交通工具擠在馬路上，寸步難移，極之沒趣。只有到水上市場那天，才算是開了眼界。

泰國農產品之豐盛，世界馳名。我們站在河邊，看到魚貫而來的小艇，載滿了不同的蔬果和鮮花，美不勝收，賣粉麵的更是誘人，我雖垂涎欲滴，總也提不起勇氣買一碗來吃。我每天三餐都在五星酒店內吃泰國菜，已覺十分滿足，至於起程前，香港的朋友叮嚀囑咐我非試不可的唐人街魚翅和過街炒通菜，也沒機會嘗到。

我誼女的母親是三藩市有名的移民律師程潔瑜，她有兩位阿姨都嫁了泰國人，先後移民美國，連泰傭也帶在一起。每次我們看望誼女，都會吃到她家泰傭的住家泰國菜，印象最深刻的是咖喱蟹煲，用的是三藩市著名的大蟹，有粉絲墊底，上面還加一隻燒鴨。其他如牛肉沙律、香草肉鬆生菜包，魚露燜五花肉和我最喜愛的泰式煎魚餅等等。

2011年九月份沙田馬會銀袋咖啡室推出泰國菜，廚子是特地從泰國請來的。我不由得想起以前吃過的泰國菜，聽小師妹陳煌麗説有泰國魚餅供應，便請她給我帶來一客，竟和我以前吃到的大異其趣；顏色是紅的，很薄，約0.4厘米厚，每個大小一樣，顯見是用模子切出來，魚餅是炸而不是煎的，其中的青豆也少得可憐，頗為失望。

以前在美國誼女家吃到的泰式魚餅，魚膠是用生產於夏威夷，運到三藩市的一種細長的、專為打魚膠之用的骨魚(bone fish)打成的，唐人街方有供應。不過，這只是代用品，聽説傳統泰國魚餅是鮫魚肉做的。

本食譜拍攝當日，我親自到大埔買菜，那天剛好是颱風之後，找不到鮫魚，連牙帶魚也付諸闕如，只好買了鯪魚。泰國紅咖喱醬亦買不到，迫得代以普通黃咖喱粉。材料出了問題，我無謂計較是否正宗，逕自用我的配方去做了。

住家烹煮的泰國菜，究竟與一般泰國菜館的出品有何分別？我無由分曉。但陳煌麗帶來的泰國魚餅，與我記憶中誼女家製的就是不同；起碼咬口不對勁，不夠彈力，味道偏甜，豆角粒和香茅分量都不足。我心想，就算在泰國，會不會因為地區不同，魚餅的做法各異，又或在家廚內的做法，與館子的做法也有不同呢？

我們生活在香港，對飲食的要求可以較為挑剔，要吃泰國菜，可選的餐館不少。在家燒泰國菜，食材每星期兩次從泰國直接空運到港，本土生產可代用的物料隨時有供應。好像那天我找不到鮫魚，才代以鯪魚，但過了一會再到街市，買鮫魚和牙帶魚都沒有問題，有一魚檔還在冰櫃門上貼出有鮫魚膠出售的條子，是我粗心忽略了。

我們移居到飲食文化不同的國家，起初一定有適應期，烹調方面無論在廚房設備或物料供應上，都會有很多不便的地方，但不久便習以為常，不但可以燒出本家的菜式，還可以在不同的環境下，找出代用品，創出個人的新意。不過這一次，用鯪魚肉做泰國魚餅，只是適應當天大埔街市鮫魚缺貨的手段罷了。

泰式鯪魚餅

準備時間：約45分鐘

材料

鯪魚肉......2條，約900克
鹽........................3/4茶匙
水...........................3湯匙
胡椒粉................1/8茶匙
糖........................1/4茶匙
麻油 1茶匙
青豆角...................... 6條
香茅 2枝
酸柑葉...................... 8片
小紅椒............2隻（隨意）
雞蛋 1個
咖喱粉...................2茶匙
油 .... 2湯匙+2茶匙

不只鯪魚、牙帶魚，鯪魚也可以打成魚膠，做法一樣。但魚餅用煎法遠比用油炸省油。

準備

1 一手按鯪魚肉大的一頭❶，用小刀向魚骨割入，直至把魚肉完全割出❷，把魚肉調過另一面，如法割出魚肉，片去魚皮❸，便露出紅的魚瘦肉，將之改淨❹。

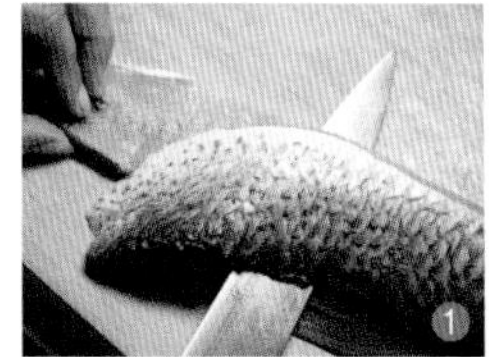

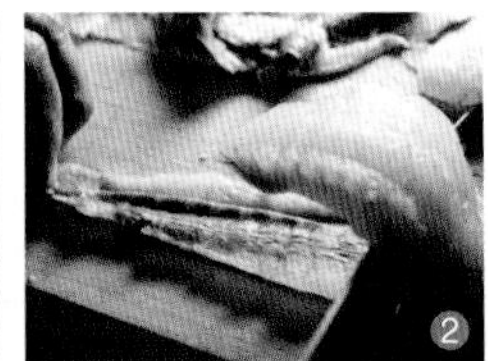

2 如法完成其餘一條魚肉，共得淨肉4條，先切薄片❺，用菜刀剁碎❻，再來回往返剁成小粒❼，放在大碗內，加入鹽、水❽、胡椒粉、糖、麻油，用筷箸大力循一方向攪拌❾，直至魚肉有勁，再逐少加入雞蛋❿、咖喱粉⓫，攪至與魚肉和勻⓬，置冰箱內冷藏待用。

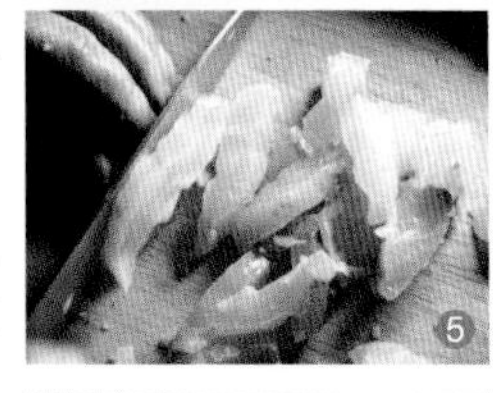

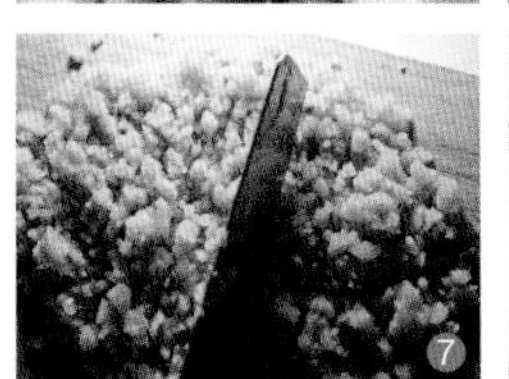

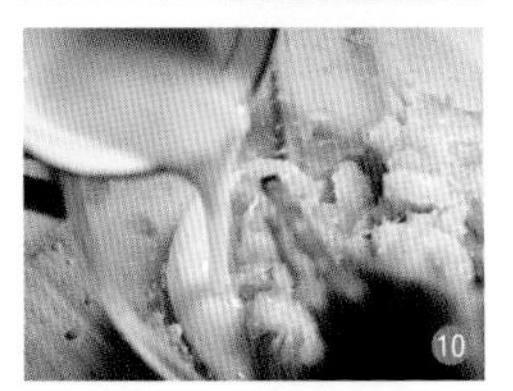

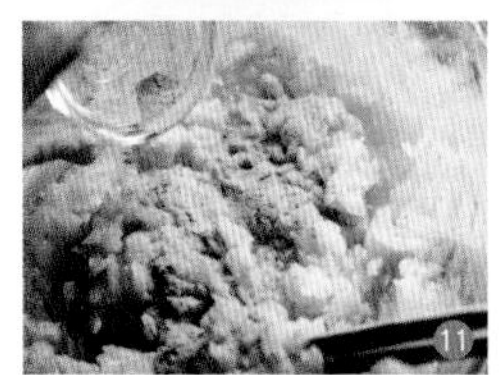

提示

泰國人吃魚餅，會蘸上一種甜酸醬，是現成的，在九龍城或灣仔的泰國食品店均有售，泰國紅咖喱亦然。

3 豆角去頭尾，切小粒，約0.3厘米厚⑬。

4 香茅拍扁⑭，只用中心部分，切細⑮。酸柑葉切細絲⑯，愈細愈佳。紅椒去籽切小粒(如用)。

5 從冰箱取出魚膠，加入香茅碎⑰和酸柑葉絲，最後加入豆角粒同拌勻⑱。一手執起魚膠，大力撻回碗內⑲，重複多次至魚膠有彈力為止。

6 用水沾手，修成魚餅⑳，可得12個，放在已塗油的平碟上。

煎法

1 置厚身易潔鑊於中大火上，鑊熱時下油2湯匙搪勻鑊面，改為中火，先疏落地排6個魚餅在鑊內❶，用鑊按平，慢慢煎魚餅至一面金黃便反面❷，再耐心將其餘一面亦煎至金黃。

2 是時鑊內仍留有油，可再加2茶匙，如法用中火煎餘下的魚餅至兩面金黃為止❸❹。

簡而不廉

1980年代初期，香港《成報》副刊有一專欄名為「七家食德」，由七位名食家輪流執筆，簡而清是七家之一。簡而清不只寫食經，更寫馬經，因他排行第八，人皆以「簡老八」稱之。他哥哥簡而廉，弟弟簡而和都以寫作出名。簡家兄弟的父親是金石專家簡琴齋，家學淵源，但簡而清只是小學畢業，純靠自修出身，中英文俱佳。我初來香港時得梁玳寧介紹與他認識，時有過從，如今兩人俱已離世，真的不勝唏噓！為人能做到簡而廉，要夠修養。《史記》《尚書．皋陶謨》所舉九德是「寬而栗，柔而立，願而恭，亂而敬，擾而毅，直而溫，簡而廉，剛而塞，強而義。」簡而廉的意思是平易近人，堅持原則，直率而不拘小節。

簡而廉不寫飲食文章。但從烹調上看，「簡而廉」也者；燒一道菜所花的手續和時間要少，成本也要廉宜。能否達到這個要求，而成果又滿意的呢？知易行難，現時百物騰貴，那便要看下廚人採購的本事了。印傭蘭美因突發家事要即時回家，我急於找人代替，只要有人能立刻上工便僱用了。新來的也是印傭，名叫華娣，年紀小小，二十五歲，燒菜只曉得焓和蒸，她和蘭美一起的時間不過數天，我便趕着帶她們兩人一起，到大埔街市惡補一堂買菜課。我給華娣一本簿子，教她記下我們慣常光顧每一檔的號碼，魚、雞、肉檔在地下，我們邊行邊買，鹹水魚記着要揀新鮮，大小不拘，活魚要認住某一檔，否則會買錯了養殖貨當作海魚。行經平日常有生宰大石斑、大條馬友魚、大條銀鯧魚的檔子，見到剛宰了一條大東星斑，雖然已不是活的，但十分新鮮，魚肉還閃閃發光，我要了一塊，檔主說：「亞婆，抵食些，就計你二百塊吧！」我把錢遞給他時，華娣伸伸舌頭說她才不敢買這麼貴的魚哩！

我再買了半條馬友魚，不算大，斬成六塊，也要一百八十元，華娣天真地大嚷着又是這麼貴！其實我不是天天吃貴魚，我也愛吃廉價的小小鱆魚和沙錐魚，而且是必買之物。我跟着帶她們上二樓菜市場，告訴華娣哪些是有機菜檔和本地菜檔，其餘的不可亂買。我也帶她到印尼雜貨店。現時蘭美雖然不在香港，但華娣已懂門路，一切有板有眼了。說到買來的東星斑，是相連魚頭的一塊厚背肉，買時沒有想過要怎樣使用，直至攝影師來到方才決定。我已做過好幾種斑片的菜式，為了不重複，這次姑且做糖醋瓦塊魚，換換口味。東星斑肉重達一磅，剛好切成24像瓦樣的塊，加些蛋白和生粉拌勻，泡油後加個甜酸芡便成，肉質脆嫩，味道鮮美而醒胃，手續也不繁，分量甚豐。酒家樓的油泡斑片，一客只得薄薄8塊，動輒要三百多元，在家廚自製，經濟得多。同樣的做法，換了用越南急凍魚柳，二十元已足，大可達到簡而廉的要求。我那塊東星斑，做法夠簡單的了，是否廉宜，讀譜的人可依着個人的條件去衡量，或者少買一半，計算起來仍是很划算的。

糖醋瓦塊魚

準備時間：約20分鐘

材料

東星斑......1塊，約450克
生粉 1湯匙
雞蛋 1個
鹽 1/2茶匙
炸魚用油 2杯
蒜 ....1瓣，拍扁
葱 ....1棵，切粒
生粉 ....1茶匙＋水1/4杯
麻油 1茶匙

糖醋汁料

清雞湯 1杯
鎮江醋....................2湯匙
黃砂糖....................2湯匙
鹽 1/4茶匙

做糖醋魚，豐儉由人，鱸魚、鯇魚、鱖魚都可用，再不然，代以各種急凍魚柳也成，不一定要東星斑，這食譜只是我到市場偶有所得，回家即興而作吧了。

準備

1 魚肉置工作板上，皮先向下，將近魚腩的一排硬骨片去❶。其餘一面亦如法照做❷。

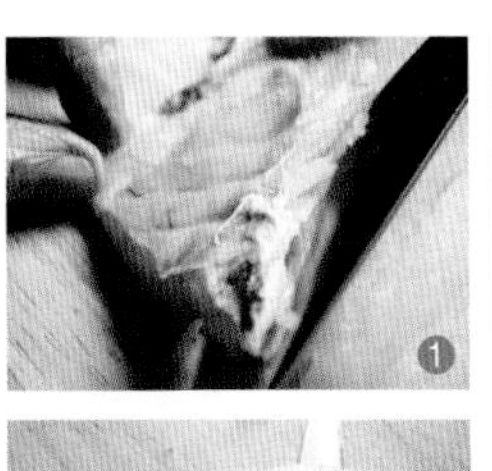

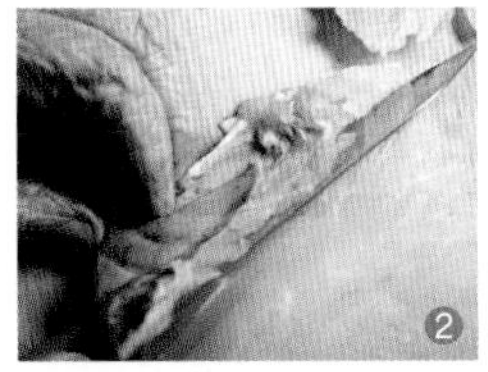

2 置無骨魚肉有皮的一面向下，一手按着魚皮❸，一手持刀向魚肉片進❹，直至全塊魚皮片離魚肉為止，便得淨魚肉兩大塊❺，其餘的可留作別用。

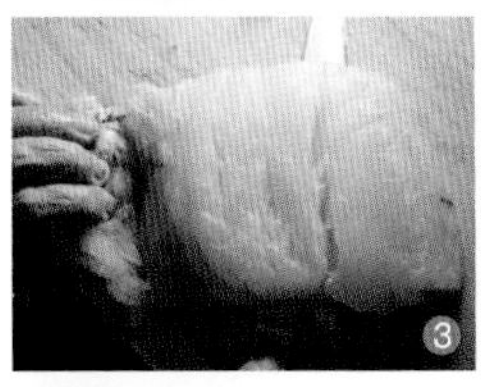

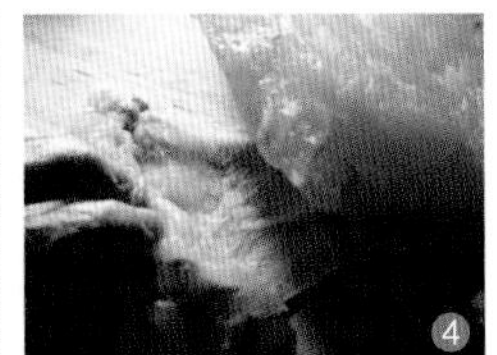

3 按着魚肉的大小和紋路，切成約1厘米厚的魚塊❻，置於大碗內。

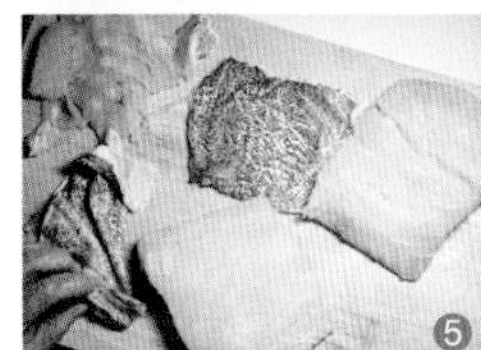

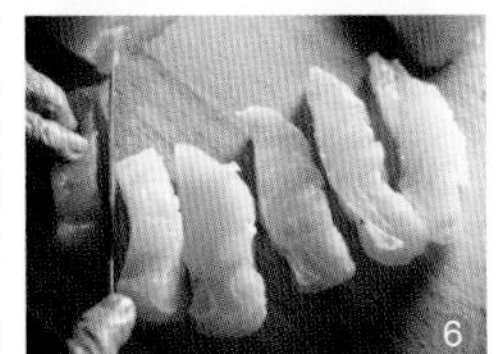

4 雞蛋分黃白❼，把蛋白打散。

5 先下生粉在魚肉內❽，再下蛋白拌勻❾，用前方好下鹽一同拌勻❿。

做法

1 置小中式鑊於中大火上，鑊紅時下油2杯，燒至油面冒起輕煙時便把魚塊逐一放下油中，先放一半，用筷箸把魚塊分開，使勿相連❶。

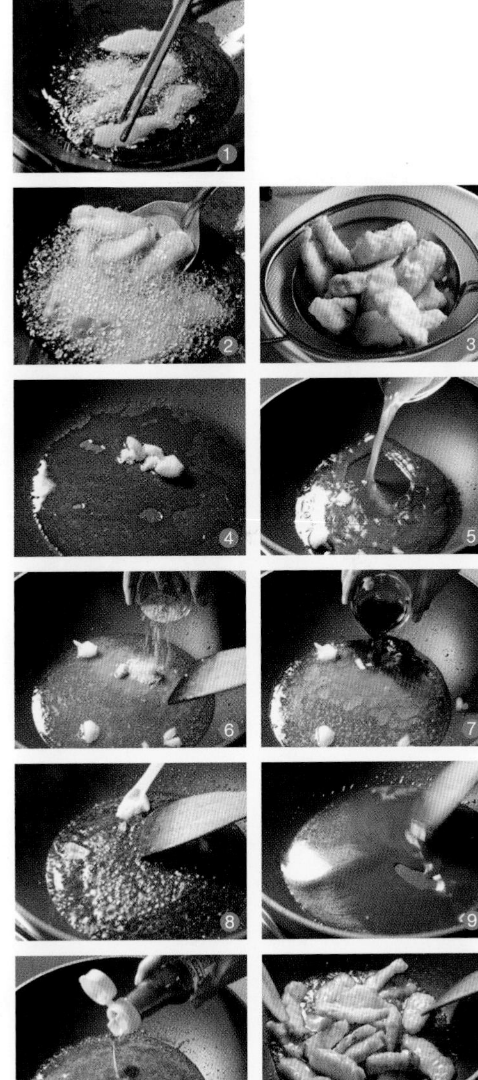

2 炸至魚塊身硬❷，色呈金黃便撈出❸，繼續如法炸完餘下一半。

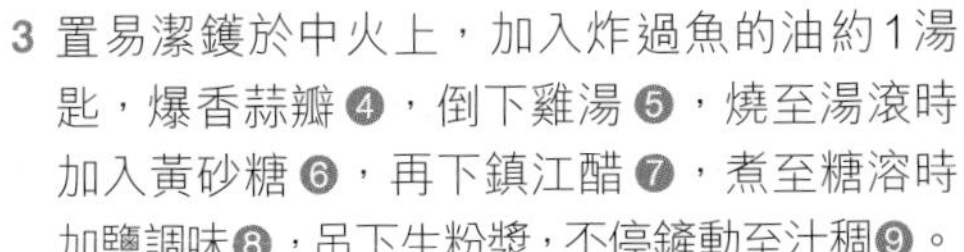

3 置易潔鑊於中火上，加入炸過魚的油約1湯匙，爆香蒜瓣❹，倒下雞湯❺，燒至湯滾時加入黃砂糖❻，再下鎮江醋❼，煮至糖溶時加鹽調味❽，吊下生粉漿，不停鏟動至汁稠❾。

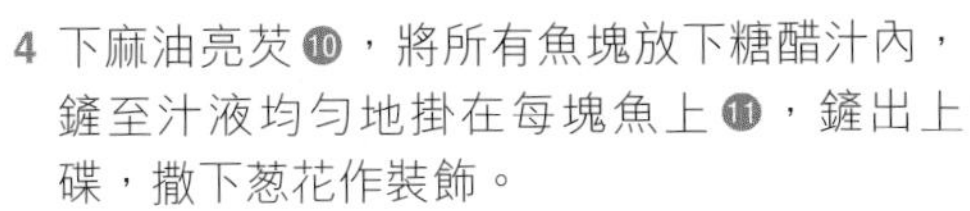

4 下麻油亮芡❿，將所有魚塊放下糖醋汁內，鏟至汁液均勻地掛在每塊魚上⓫，鏟出上碟，撒下葱花作裝飾。

老魚嫩豬

我們日常所用的諺語，有些是押了韻的，説起來像是順口溜，很明快，但也隱含晦暗的寓意，要定神想一想方能領悟。可曾聽過「生葱熟蒜，老魚嫩豬。」這句話？很明顯，葱要生吃，蒜要煮熟。魚是老的才好吃，但豬便要吃嫩的了。若要仔細研究，魚多大多重方算老，豬要養了多少日子便應該吃，而肉又夠嫩的，那便絕不簡單了。

自從中央電視台在2012年5月中每晚播出《舌尖上的中國》一連七集關於中國飲食文化的紀錄片，在大陸爆得火紅，香港無線電視已經買得播映權，先在收費台播出，這幾天我都癡癡迷迷地收看。印象最深刻的是看到吉林人在查干湖冰天雪地之上，鑿開一個圓形的洞，把魚網伸進洞去，人可以從洞外看見冰下的水很透明，也可看到水中的魚網，聽説這魚網寬1,500米，長2,000米，要在冰下拖行8小時方能收網。撈一個網要55人，3輛大馬車，12匹馬，馬在冰上拉着木架，不停地轉動，邊轉邊把網拉上來。因為漁人所用的魚網，網眼有6寸，所以只捕五年以上的大魚，是漁民謹守祖上傳下來的「獵殺不絕」的訓條，有意讓未成年的小魚漏網，讓牠們有機會長大。這豈不是今天我們口中不離的「可持續發展」嗎？片中又有一家享用全魚宴的場面，是吉林捕魚人的傳統除夕晚宴。飯桌上全是魚饌，擺得滿滿，看來都是平實、普通不過的家庭菜式，但一家人團聚在一起，親情洋溢，共同享用大自然的饋贈，比起城市人的奢華、造作，自然樸素得多了。看完這一集《大自然的饋贈》後，感觸良深。今日的香港人，吃的品味愈來愈低級，總是以食店的裝潢和高價為標準，又或趨騖價廉的速食，而一家大小同聚一堂吃飯的情景已極難得，更遑論天天有媽媽、婆婆在家自煮。

下廚是我終生的愛好，但因行動不便，近來甚少親身到街市買菜。印傭又不太懂事，想吃鮮活魚，多靠豬農譚強代買，約好了傭人在某一時間，某一地點相遇交收，可謂苦心極了。有一天他為我買到一塊重達1斤十分新鮮的石斑魚肉，我拿着魚肉在手細看，肉紋很粗，皮很厚，不問而知是一塊老魚，心裏一沉，怎算好？平日我會挑選5斤左右的生劏石斑魚，取它肉質嫩，清炒、泡油或軟炸都適宜，但這次買的顯然是老魚，我猜起碼有十多斤重，要怎樣處理方合適呢？真是傷腦筋。而印傭給我買的蘆筍，又不是正在當造的美國貨，一折斷，只得回一半，老的居多，只好連連嘆聲倒霉算了。把所有材料都集齊，還未想到要怎樣做，後來醒起很久沒有用XO醬了，好，就做個「XO醬蘆筍炒斑片」吧！這叫做「即興」。既是「即興」了，便隨心之所之，把魚肉先去皮，但肉紋實在太粗了，只好切3/4厘米厚塊，還把所有紅色的瘦肉改去，留下來的竟是晶瑩剔透的魚片，心中覺得一定會有意外的驚喜。結果我用半泡油式把魚片炒好，肉質不嫩，但奇為爽脆，味鮮而不帶半點魚腥，加上XO醬的微辣濃香，十分可口。只見攝影師頻頻下箸，可知其味無窮。大家可知道，做菜最開心的地方不在獨佔而在分享，有人欣賞你自己親手做的菜，一樂也！

XO醬蘆筍炒斑片

準備時間：約15分鐘

材料

石斑魚肉 約570克
油 ... 1杯＋2湯匙＋1茶匙
XO醬 2湯匙
紹酒 1茶匙
蘆筍 ....6條，約150克
長紅椒....................... 1隻
青葱 .... 4棵，只用葱白
嫩薑 30克
雞蛋白....................1湯匙

魚肉調味料

胡椒粉.................1/8茶匙
糖........................1/4茶匙
鹽........................1/2茶匙
生粉 2茶匙

可選五斤左右的石斑魚，肉質嫩，口感好，蘆筍也可代以芥蘭段。

準備

1 蘆筍摘去頭部老硬部分，刨去厚皮❶，從尾部開始，斜切成段，約5厘米長❷。

1

2

2 紅椒切角，葱白斜切成4厘米段，嫩薑切薑花片。

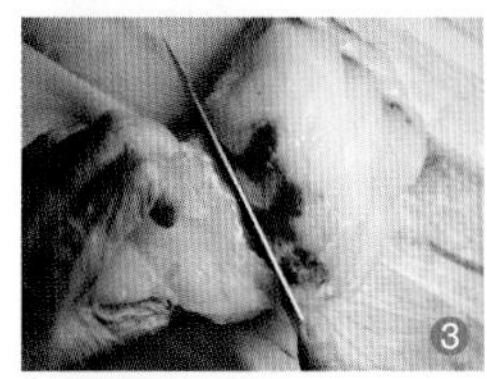

3

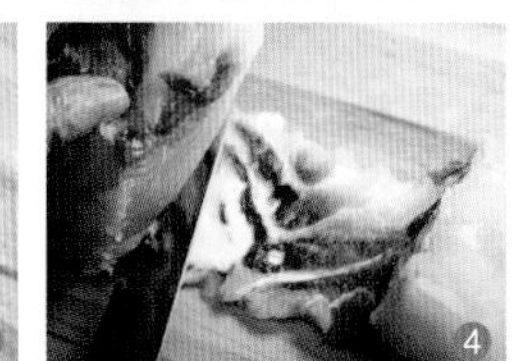

4

3 石斑魚肉從中央的自然分界落刀❸，分向左右兩方把魚皮片出❹，便得淨肉2塊❺，切去紅色的瘦肉後❻，把魚肉切片，約3/4厘米厚❼，置碗內，放入冰箱內保鮮至用前方拿出。

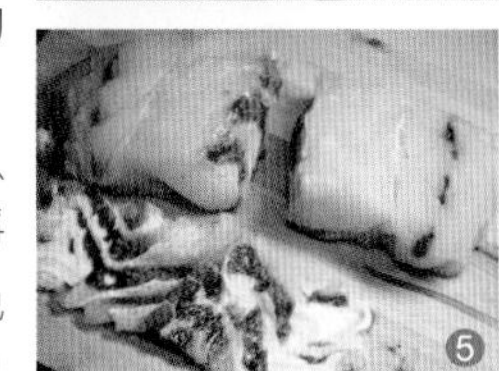

5

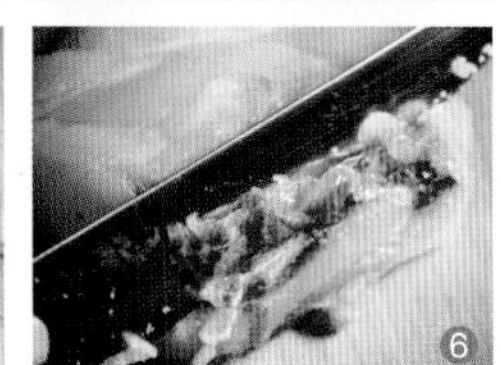

6

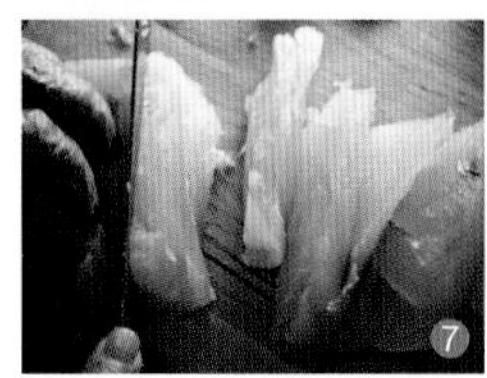

7

炒法

1 蘆筍放入大火上一鍋開水內❶，煮至水再開便撈出放入冰水內保青❷。用前瀝水，用潔淨毛巾吸乾水分。

2 從冰箱取出魚片，先加入1湯匙蛋白❸，以手抓勻❹，加入胡椒粉、糖、鹽和生粉❺，再用手抓勻❻。

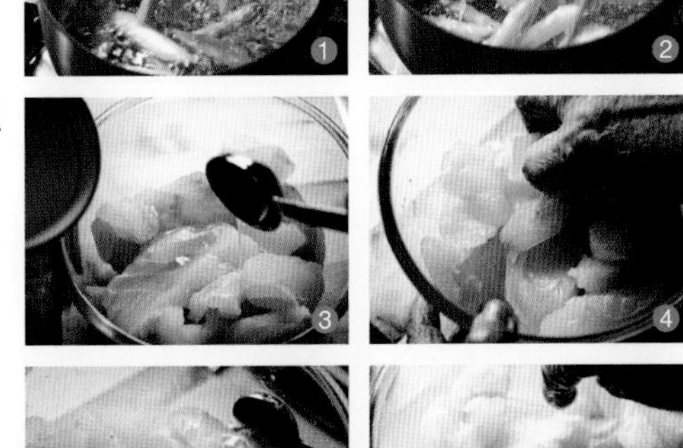

3 置中式鑊於大火上，燒至鑊紅時加入冷油2湯匙搪勻鑊面後即倒出，另加入冷油1杯，燒至放筷箸入油時，四周有油泡現出，便從冰箱取出魚片，挑散後放入熱油中，小心鏟散至魚片轉色且每片分離❼，便倒出瀝油❽。

4 另用一易潔鑊，置於中大火上，下油1茶匙在鑊面鏟勻，繼下XO醬，葱白，薑片和紅椒❾，鏟至XO醬有油溢出時便加入斑片❿，小心鏟動，加入蘆筍，灒酒，快手再鏟動⓫，使XO醬平均分佈便可上碟⓬。

藍田種玉

上世紀二十年代初期，廣州飲食達到巔峰，是飲食文化歷史上最輝煌的「食在廣州」時代。而先祖父正是領導當時食壇的顯赫人物，江家家廚有甚麼出色的菜饌，各大酒家都爭相仿效，成為膾炙人口的名菜。

除了「太史蛇羹」，一直流傳至今，當年祖父宴客時與蛇羹齊名的熱葷，今日我們仍能銘記在心的，都成過眼雲煙，風流不再了。環觀香港現時的粵菜，與外來的食制不斷胡亂交雜，已無法維持往日的傳統，改變至若何程度，我實不願提，有心的讀者只需留意時下流行的飲食節目，便知道我不是刻意唱反調。

菜饌不論精粗，都要有格調，燒菜的人要付出最大的誠意，這才是起碼的要求。但通脹高企，租金飆升，加上物料諸多的問題，飲食業尚能維持合理水準的，已不多見，食客除非只求飽肚，囫圇吞棗，若認真想在外面吃一頓滿意的飯餐，一點不易，遑論精緻的熱葷！

猶記得香港在1950年代，尚有不少大酒家諸如大同、鑽石、金陵等，都供應正宗的粵菜，筵席仍是四熱葷先行，以珍貴作料和精湛的烹調技巧，細心炮製，每道熱葷，各用不同的烹調手法處理，使食客能品嘗到不同的口感和味道。前些日子，李煜霖師傅特意來看望我時，大家談起今日的筵席，都唏噓不已。

老人家最不開心的時候就是緬懷往事，明知萬事萬物一去不回，但總是覺得今非昔比。燒一道菜可以感觸多日，而燒得不滿意的更會一直生自己的氣。記得祖父筵席上的熱葷有「玉簪田雞」，是把田雞腿去了骨，瓤回一條菜薳和火腿，泡油便成。我一直想做這道菜，但每次買回來的田雞，其大無比，看來肉紋粗糙，斷不是我兒時吃過的細嫩，屢屢都因田雞不合格而改燒其他的菜式。

「玉簪田雞」是因為瓤在去骨田雞腿的油菜薳，泡油後翠綠得似一支女人髻上的玉簪而得名。廣東菜菜名寓意的不少，這道菜又稱「藍田種玉」。從字面上看，瓤入田雞腿的菜必定是芥藍而不能是菜薳，否則藍田何來？

我曾在黎智英先生家中吃到他家廚子的好手藝，一道油泡野生田雞至今難忘；聽説田雞是從香港水塘捕到的，肉質鮮美無倫，一如我們小時在蘭齋農場阡陌間照到的田雞一樣。我家的「太史田雞」，是一道湯菜，與「太史蛇羹」曾經風靡一時。現時只知奢食的新富，也許對這些小田雞，不值一哂吧！

我曾在印尼雅加達最高級的中餐廳吃過非常美味的「石蛙」，是野生的陸地蛙，皮作黑色，個子碩大，但肉嫩鮮美，在市中普通的小食店，供應的田雞菜式也不少，絕不似今天我們在香港見到的那麼大。其實東南亞一帶，各國都有不同的田雞菜饌。田雞在歐洲是上品，法國人尤其喜愛。亞爾薩斯一帶盛產田雞，當地幾位三星名廚都有各自的田雞首本菜。

聽説最近美國三藩市愛護動物的環保人士認為活宰家禽、活魚、活水魚、活田雞的中國飲食習俗，是殘忍的行為，有議員在議會上提出禁止的議案。在香港中央屠宰説了多年仍未實行，現仍有活宰雞隻出售。在傳統街市隨時可見生宰活剝田雞，活宰鮮魚，見慣不怪，文化差異，真不可同日而語。

芥蘭炒田雞

準備時間：約30分鐘

材料

田雞 1,200克
泡油用油 1杯
芥蘭 400克
有機鮮草菇........... 150克
油 1湯匙
蒜 ....1瓣，剁碎
鹽 1/4茶匙
糖 1/2茶匙
紹酒 1茶匙
紅蘿蔔...1段，約5厘米長
生薑 ....1塊，20克
葱白 4棵
生粉 1茶匙

田雞醃料

蠔油 1茶匙
生抽 2茶匙
紹酒 1茶匙
鹽、胡椒粉...........各少許
糖 1/4茶匙
麻油 1茶匙

香港街市的田雞，有來自中國大陸，也有來自泰國和越南，購買時最好挑選皮是青色的，肉質較嫩。

準備

1 用剪刀剪出田雞腿❶和腳爪❷，分腿為兩半❸，其餘留作他用。

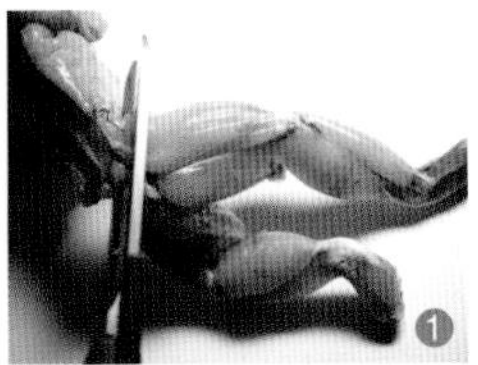

2 置田雞腿在碗中，加入調味料同拌勻，醃約20分鐘❹。

3 草菇修去底部雜質，在頂上割一十字❺，汆水，在水下沖冷❻，瀝水待用。

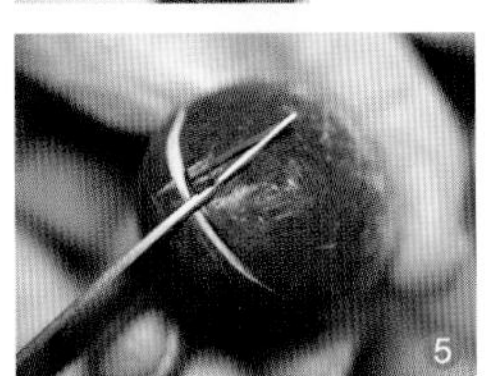

4 芥蘭只用中段❼，切3厘米長❽。

5 薑切薑花，紅蘿蔔切花片，葱白切2厘米段。

提示

田雞剪去腿後留出其他的部分，可以煮成田雞冬瓜湯，清鮮美味。

炒法

1 炒前瀝乾田雞醃汁❶，加入生粉同拌勻❷。

2 置中式鑊在中大火，下油2茶匙爆香蒜茸❸，加入芥蘭段炒至八成熟❹，加入鮮菇同炒❺，下鹽、糖調味，鏟出。

3 洗淨鑊，置回中大火上，鑊熱時下油1杯❻，燒至油溫約170℃時投下田雞腿❼，不停鏟動至田雞腿變色❽，約為九成熟。移出瀝油❾。

4 原鑊置回火上，把田雞放回鑊中❿，灒酒，加入芥蘭和草菇，繼下紅蘿蔔花、薑片⓫，最後下葱段，鏟勻上碟，不用勾芡。

魚肚多面觀

能稱得上魚肚的，品質良莠不齊，只要是大魚的魚鰾，便可算是魚肚。最矜貴的是鰵魚肚，又稱廣肚。還有取自大條黃花魚的叫做黃花魚肚，來自白花魚的叫白花魚肚。此等級之下，又有淡水鱸魚的鴨泡肚，海水鱸魚的紥膠肚，更次的是來自鰻魚和鱔魚類的鱔肚，而各類魚肚之中，也有大小厚薄公乸之分，價格亦因之而異。要認識魚肚，分辨品質，是一門高深的學問。

1979年我初來香港時，經常光顧彌敦道的利德參茸海味店。我姑姐一向都在利德為我購買海味寄到美國，所以和利德的董伯頗為熟落。記得約是1980年代中末期，利德坐落的大廈拆卸，迫得結業。在關門前我買到最後的一批海味，其中有一塊鰵肚公，董伯説是他們藏了很久的上等貨色，不可錯過。事隔四分一世紀，只記得當時花了五百多元，還請店員為我用藥刀斬為兩半。搬家回美時，把儲存的海味全部裝箱海運。1993年天機從中文大學正式退休，但在1998年又回校再作馮婦，改教通識教育。起初他只教秋季，我們暫住聯合苑，單位面積小，廚房也很簡陋。當時我尚未用中文撰寫食譜，後來先師特級校對去世，我從他的十本《食經》中選了一部分可用的，編成一套兩冊的《粵菜文化溯源系列》。第一冊是《傳統粵菜精華錄》，內載每種珍貴作料的做法。第二冊是《古法粵菜新譜》。就是住在聯合苑的半年時光，連盛器也得四處向人借用的情況下，把菜式的圖片拍攝好，帶回美國寫完，在香港2001年出版。早幾年萬里機構要求我重新編撰《傳統粵菜精華錄》，我再讀一次，看到那半塊鰵肚公和二十頭吉品鮑同燜的照片，倒引起無端感慨。當年數碼彩色攝影尚未面世，幾經艱苦方能每一菜饌配一彩圖，今日若要重編，已無可能追加處理步驟圖，而要買齊書內所用珍貴作料，成本太重，我年事已高，心有餘而力不足，只希望有人為了興趣，肯做這種吃力不討好的事。

2012年元旦日蒙福臨門酒家少東徐德耀先生招宴，閒談間説到海味價格，他們酒家用的廣肚每斤要一萬八仟元，中心部分只能切24件，每件成本也要三百元，堂吃要多少錢一件，可想而知。別的海味我不太在乎，但對魚肚有特別的親切感。我自小已見祖父全部裝上假牙，不能咀嚼硬的食物，他喜愛鮑魚而無法享受，所以他的飯桌上常有吉品鮑魚燜廣肚這味菜，廣肚掛滿了吉品的汁液，祖父吃魚肚時便可嘗到鮑魚的滋味。祖父抽大煙，下午方起床，他的晚飯已近凌晨，到了周末，我常央三祖母讓婢女喚醒我，抱我到祖父的飯廳，為的就是吃一塊祖父心愛的廣肚。數十年來，我每做這道菜時，此情湧上心頭，唏嘘緬懷幾番。我不解食補，吃魚肚只因一己的愛好，和忘不了的太史第舊日風情。在香港家中，我儲了好幾種魚肚，都是朋友的餽贈，大多是新西蘭的紥膠肚公，大小不一，我揀了一塊約6-7吋長，重75克的，又在一本古老粵菜食譜內得到「三絲燴魚肚」的啟發，我便隨意選用手頭已有的三絲；冬菇絲、肉絲、火腿絲，和魚肚條燴在一起，魚肚嫩滑煙韌彈牙，味道豐腴濃郁，雖與兒時記憶中祖父的鮑汁廣肚有雲泥之別，但也心滿意足了。

三絲燴魚肚

浸發時間：1-2天　烹煮時間：30分鐘

材料

紮膠魚肚公...1隻，約75克
生薑..........30克，切薄片
青葱..........................4棵
紹酒........................1/4杯
厚身花菇..................4隻
豬脢頭肉..............150克
金華火腿................60克
油.............1湯匙+4茶匙
雞湯...........1/2杯+1/2杯
蠔油.......................2茶匙
頭抽.......................1茶匙
糖........................1/4茶匙
鹽.............................少許

肉絲醃料

頭抽.......................1茶匙
紹酒.......................1茶匙
胡椒粉......................少許
糖........................1/2茶匙
鹽........................1/8茶匙
生粉....................1/2茶匙
麻油....................1/2茶匙

> **提示**
>
> 紮膠魚肚身長而窄，本稱「窄肚」，又叫「窄膠」，後在海味行業中俗稱「紮膠」，有公乸之分，公肚特別的地方是窄長而中間突起，兩旁有修長的直紋線，一看便知。

浸發魚肚切忌與油脂接觸，盛器和浸發人的手必要清洗乾淨，否則魚肚見油化水，腥臭不堪。魚肚一次過可多發幾條，放在冰格內可保存三數月。

準備

1 洗淨湯鍋，以清水浸魚肚過夜，翌日燒開一大鍋水，投下魚肚，煮至水再開時加蓋焗至水冷，換水後如法再焗魚肚一次便可用❶。

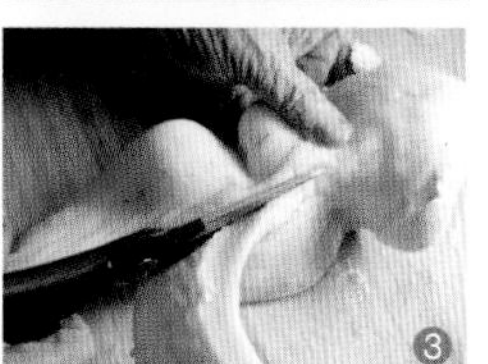

2 魚肚內如有積血，應撕去❷，從中剪開為兩半❸，切成約1厘米寬的條子❹。

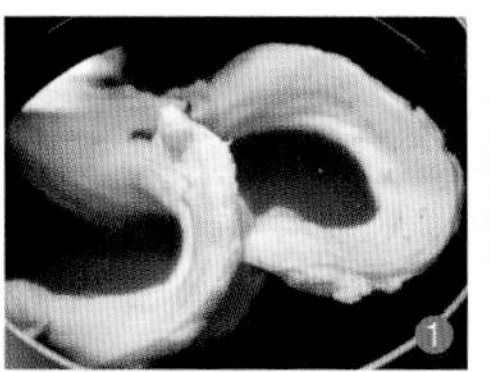

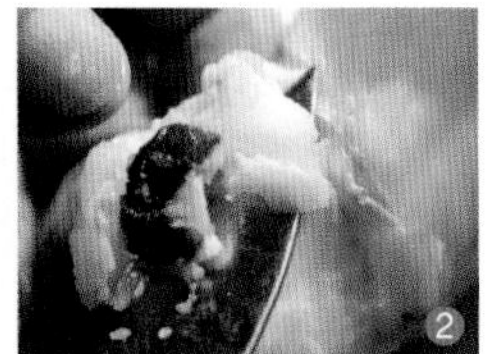

3 燒開一鍋水，投下一部分薑片和青葱，加入紹酒❺，放下魚肚汆水去腥❻，移出過冷河，瀝水❼。

4 花菇浸軟去蒂，先切薄片，後切絲，約3毫米寬❽。留浸水。

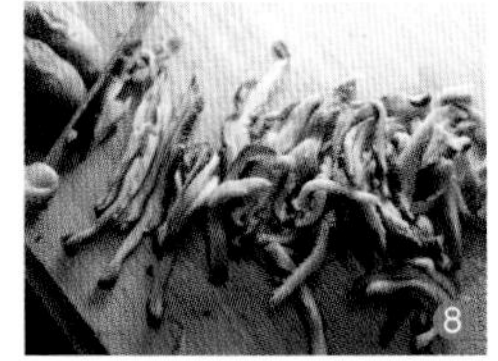

5 脢頭肉先切3毫米薄片，再切3毫米寬的絲 ❾，加入頭抽、紹酒、糖、鹽、胡椒粉、生粉和麻油同拌勻 ❿。火腿亦切與肉絲同一大小 ⓫。

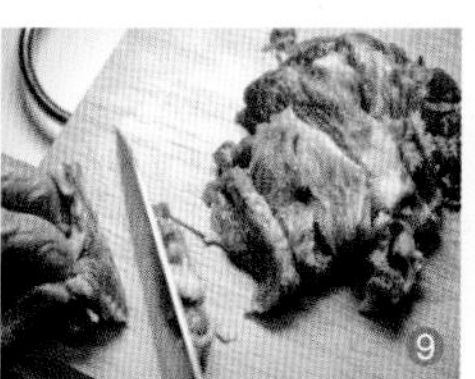

燜法

1 置中式易潔鑊於中大火上，鑊熱時下油1湯匙和餘下薑片，倒下魚肚絲 ❶，不停鏟動，灒酒，兜勻 ❷，改為中火。

2 先下蠔油 ❸，鏟勻，然後下雞湯1/2杯和浸菇水，再下頭抽，煮約4-5分鐘使魚肚入味，鏟出 ❹。

3 洗淨鑊，放回中火上，下油2茶匙，加入花菇絲炒勻 ❺，加些鹽糖調味，鏟出，再下油2茶匙，放下肉絲排成一層 ❻，炒至一面金黃便鏟散，花菇回鑊，加雞湯1/2杯煮至收乾 ❼，下火腿絲 ❽，魚肚絲 ❾，一同兜勻 ❿，試味後上碟供食。

功夫菜

聽到「功夫」二字便知道烹煮這等菜式的手法並不簡單，所用的作料也不尋常。在萬事求簡的今日，在家外要吃功夫菜固然不易，在家中自烹更形困難。許多傳統菜式日漸失傳，要不是作料難求又或變質，便是廚師在時間和成本的壓力下，難以用心製作出往日的水準，更遑論創新了。今日飲食大機構轄下的連鎖店，滿佈港九，菜單全線統一，由中央廚房控制，有某些集團還北上設工場，香港店子只負責最後的加工，一般市民在那裏很難吃到由個別廚師匠心獨運、手工精細的菜式了。

除大集團外，幸而仍有為數不多的小型食店，廚師也是店主，往往有自己的板斧，舞刀弄鏟，燒出具個人特色的佳餚；或以作料新鮮取勝，又或以手法見長，使消費者仍能吃到有愛心的菜式。在大酒店內的中餐室，因為檔次較高，餐單上也會有不同程度的功夫菜。有幾家歷史悠久的老牌酒家，仍能維持一貫的作風，經常供應本家的招牌功夫菜。受到日本菜和歐西菜的影響，中菜「每位上」的方法也日漸流行，因此菜饌的賣相也日受注重，不少傳統的菜式本來已是手續繁複，再加上擺碟要吸引，所花的功夫更多。矜貴的海味菜式，必要經過發浸、去腥、煨煮，和最後推芡的步驟，多屬功夫菜。近年香港有些海味店增設代客發浸，甚或烹製的服務，使有經濟條件的消費者可以隨時在家安享美食。但將來的趨勢會是功夫菜日漸沒落。

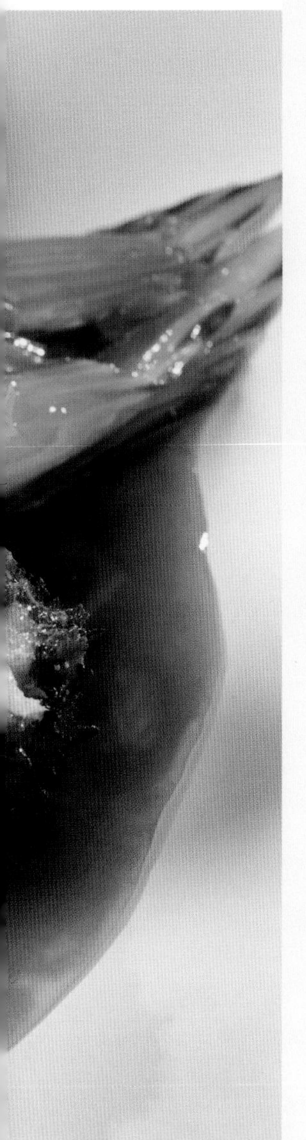

功夫菜工序繁多，不能一氣呵成，若要以圖片去表達，必要按工序分數天完成。我心中雖然很想把一道「八寶鴨」的做法從全鴨出骨、加入釀餡、吊乾後炸香、燉腍、勾芡的工序和盤托出，可惜專欄的篇幅有一定的限制，十年來都未能如願。難怪若要到幾家老牌酒家吃八寶鴨，都必須預訂了。八寶鴨只不過是眾多例子之一，所有海味菜饌都屬功夫菜。我曾在《粵菜文化溯源系列》的《傳統粵菜精華錄》中，介紹了各種海味的處理方法和食譜，但當時數碼攝影尚未通行，一步驟附一圖片的做法很難實行；到現在又因體力日衰，不能擔當補插圖片的龐大計劃，只好作罷。早些時小輩送我中國東北生產遼參四條，説是有人送來的貨辦，讓我試試。我當時的反應是刺參太貴，他平日的生意既不屬海味行業，只有這一貨源，難以入行，但我答應為他試用。四條刺參，無大作為，於是加入些噱頭，釀以蝦膠，看起來便成一盤菜了。

百花瓤刺參

浸發時間：1天　烹煮時間：1小時

材料

原乾遼寧刺參..........4條，約7.5克，長5-6厘米
薑............................4片
青葱.........................4條
紹酒......................1/4杯
小棠菜......................8棵
油..........................2茶匙
鹽.......................1/2茶匙
撲刺參用生粉........1湯匙

煨刺參料

油..........................1湯匙
蒜...................1瓣，拍碎
雞湯......................3/4杯
鹽............................少許

蝦膠用料

中蝦肉..................300克
洗蝦用鹽...........1滿茶匙
火腿茸....................2湯匙
葱粒.........................少許
雞蛋白......................1個
鹽.......................1/8茶匙
糖、胡椒粉...........各少許

芡汁料

雞湯......................3/4杯
蠔油、生抽........各1茶匙
生粉...............1/2茶匙滿

下面所用的刺參質素頗高，價格亦高。但在急凍食品公司有發好的刺參出售，一來較相宜，二來可免去浸發的麻煩，讀者可按個人的意向選用。

準備

1 海蝦去殼挑腸，以鹽抓洗，在水下沖淨，瀝水後以潔淨毛巾包起，吸乾水分。

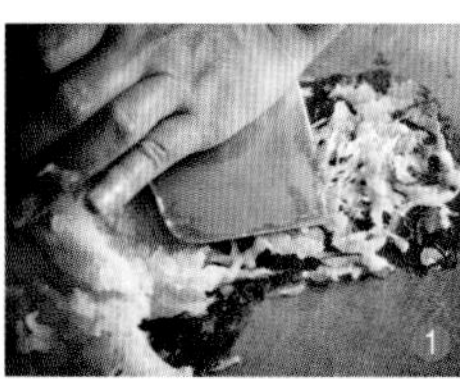

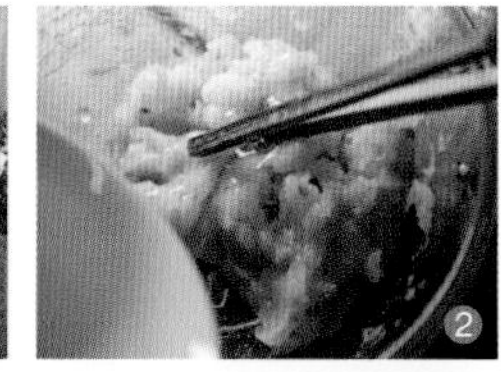

2 分批將蝦肉放在砧板上，用菜刀背壓成蝦泥❶，集成一堆，加鹽粗剁數過，放在碗內，逐少加入蛋白❷，每次約1茶匙，共需2茶匙，邊加邊攪拌至有勁成為蝦膠❸，下葱粒❹、火腿茸❺一同拌勻。放入冰箱內冷藏起碼30分鐘。

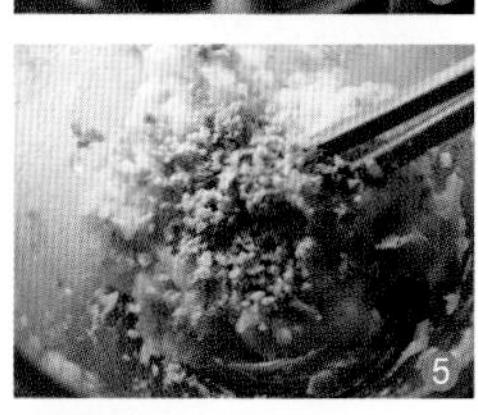

3 小棠菜修成菜膽備用❻。

刺參發浸方法

1 大火燒開一鍋水，投下刺參，煮約15分鐘，蓋起。待水冷後，再煮15分鐘❶，水冷後把水倒去，放刺參回鍋內，加冷水浸過夜。

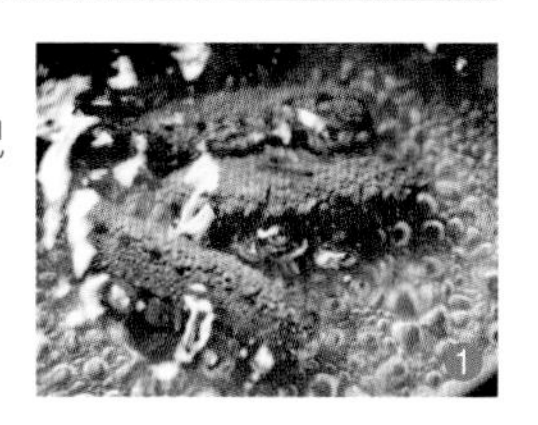

> **提示**
>
> 刺參的食法多樣，例如紅燒刺參、蝦子刺參、花膠或鮑魚燜刺參等等，也可瓤以鹹魚豬肉碎，更為惹味。

2 翌日見刺參體積發大，以牙刷刷淨外皮，用剪刀在刺參底的開口剪開❷，露出內臟，逐一拉出，至見到一層薄膜，亦應一併拉出❸。

3 抽去刺參頭部突出的地方，這是刺參的嘴❹。

4 燒開一鍋水，加入青葱紮、薑片和酒❺，投下刺參煮透去腥，約20分鐘，移出。如不即用，浸在清水內。

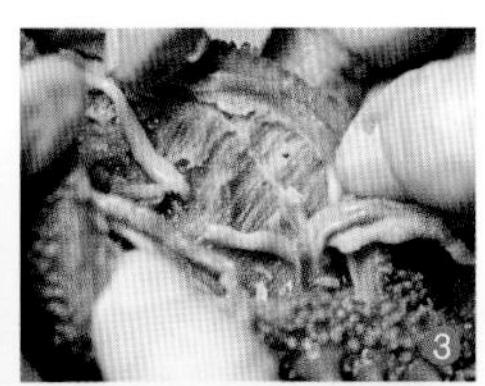
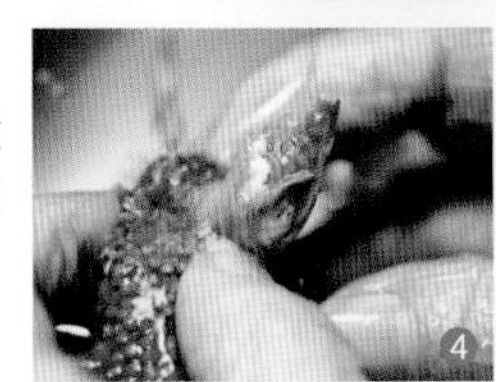
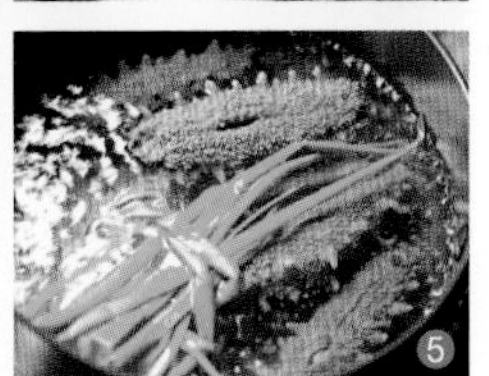

刺參煨法

1 置中式易潔鑊在中火上，下油1湯匙爆香蒜瓣，加入刺參炒匀，倒下雞湯❶，燒開後下些許鹽，繼續以小火將刺參煨入味❷，加蓋，煮約10分鐘至汁液收乾便鏟出待用。

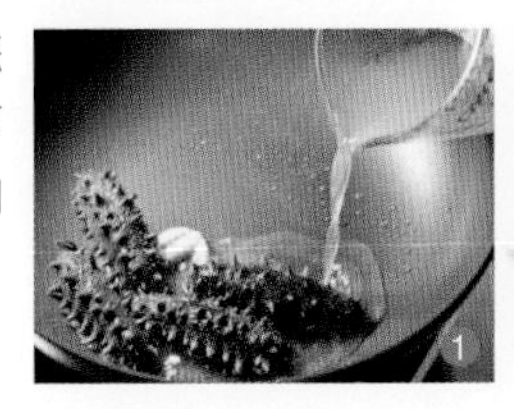
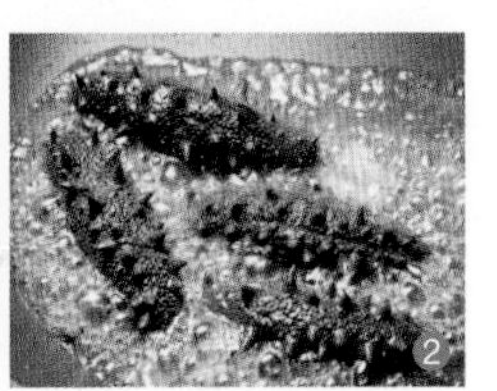

刺參釀法

1 以廚紙揩淨刺參外內，用小掃掃生粉在刺參內腔和開口的邊沿上❶。

2 把蝦膠釀入內腔至滿成小山形❷，用蛋白掃在表面❸，排在深碟內。

3 置中式鑊在大火上，加入蒸架，倒水及蒸架一半，水燒開時放釀刺參在架上，蓋起，蒸7-8分鐘便熟❹，移出。

4 蒸刺參時可同步處理小棠菜中鍋內下水半滿，置大火上，燒至水開時下油、鹽，加入小棠菜，煮至菜色呈翠綠便可夾出至冷開水內保青❺。

5 調匀芡汁，放在小鍋內以中小火燒開❻，以十字形排釀刺參在菜盤上，倒下芡汁，四圍綴以小棠菜，趁熱供食。

菜饌的命名

外國菜極少有花巧的名字，多是「有碗講碗，有碟話碟」，清心直說，絕無虛言，主菜和配菜都一一列明，連汁液的用料也寫得一清二楚；所以菜名都是長長的，食客點菜時一望而知究竟，無庸多問。

中菜的菜名便不同了，看菜單像猜謎，要花點腦筋。「食在廣州」的輝煌年代，酒家都各顯奇謀，推出令人匪夷所思的菜名，以吸引富好奇心的食客。但有時矯枉過正，使人如墮五里霧中，素菜尤其漏洞最多，一個菜名可以隨人詮釋，要舉例，簡直多如過江之鯽。

手邊有一本印於1951年，陳榮著的《漢饌大全》，其中食譜不多，倒是菜名便有一大堆，至於釋名的部分，看了也不得要領。最近因為要響應世界素食日，想不出好的菜式，便找遍陳榮的《入廚三十年》，素菜是有的，但名稱奇怪，菜不對題，例如名為「青磬紅魚」的，既不青亦不紅，最後我選了「冬菇豆腐扒菜膽」，用油菜苗代了菜膽，蠔油、上湯一概不用，才過了關。

中秋節將至，香港多所大酒家都推出中秋宴會，大登廣告。現今香港大家庭解體，父母兒女都分開住，節日便成了全家的團聚日，而一般的居所狹小，想聚在家中一起過節，頗為困難。酒家便乘機做一筆可觀的生意。

偶閱一則大飲食集團推銷迎月的廣告，菜的名字全為七字，其實從內容來看，四字已足表明菜饌的主料，但為了湊足七字，便強加三字去形容副料。因為多了三字，讀來便不倫不類。最令人費解的是一道稱為「吞拿魚卷湘芋勉」的，「湘芋勉」究竟是甚麼東西呢？本來以主料先行的菜名，只有雞絲翅忽然押後，變了「秋菊望月雞絲翅」。我真懷疑在龐大的飲食集團中，菜單竟未經過資深的公關審核後才「出街」見人。我相信在一些高檔的傳統酒家，斷沒有這種怪事出現。

近代中菜食譜的始祖《美味求真》，菜名從二字至四字，簡單明瞭，不用猜測，一讀瞭然。就算1968年在香港出版的《無比中菜食譜》中，菜名都是依烹調方法、材料取選或地方風味去分別編排，讀者想找某一類食譜，查看目錄便可。

在1972年出版的趙振羨著的《原味粵菜譜》中，亦甚少巧立名目的食譜。在「炒類」我找到一道名為「彩鳳求帶子」的菜式，用料和做法都與菜名吻合，是個好菜，便依譜做了。

在趙振羨那個年代，急凍食品並未流行，一隻活宰雞只得兩隻雞翼，是筵席上的熱葷，取價不菲。如今外來的急凍食材，唾手可得，炸雞翼、煎豬扒、成了中小學生的至愛。有孩子的家庭，外傭為求方便，難保不天天都炸雞翼和煎豬扒，養成小孩子偏食的陋習。

過去五十年間，香港的飲食場景大異曩昔，日本壽司、燒烤、拉麵的店子佈滿港九，年輕人趨之若鶩，加以外國餐室日見增多，傳統中菜漸呈衰落。而坊間食譜多是華洋夾雜，往往只求新異，忽視味道的和諧，我真的擔心這種情況將會繼續演變下去。個人固執擇善，有生之年，當力保粵菜之優良傳統。

彩鳳求帶子

準備時間：約40分鐘

材料

新鮮雞翼 6隻
油 2湯匙
澳洲小帶子........... 150克
生粉 1/2茶匙
油菜蓮..................... 12棵
鹽 1茶匙
糖 2茶匙
油 1湯匙
薑 ....6片，切花
蒜 ....1瓣，切片
葱白 ....4棵，切段

雞翼調味料

蠔油 2茶匙
生抽 1/2茶匙
魚露 1茶匙
糖 1/2茶匙
紹酒 1茶匙
胡椒粉 1/8茶匙
生粉 1茶匙
麻油 1/2茶匙

芡汁料

生粉 ...1茶匙+雞湯1/4杯

切薑花

提示

澳洲帶子分大小，小者用全個，大者可橫分為兩片，做法一樣。

菜名很簡單易明，彩鳳是雞，求可作動詞「祈求」或名詞「雞球」，換言之，即「雞球炒帶子」，食譜內的雞球，是去了骨雞翼的球，與帶子搭配，相得益彰。

準備

1 沖淨帶子，撕去附着在旁邊的「枕」❶，放在沸水內一拖即撈出❷，鋪在潔淨巾上吸去水分❸，放入冰箱內待用。用前拌入生粉1/2茶匙❹。

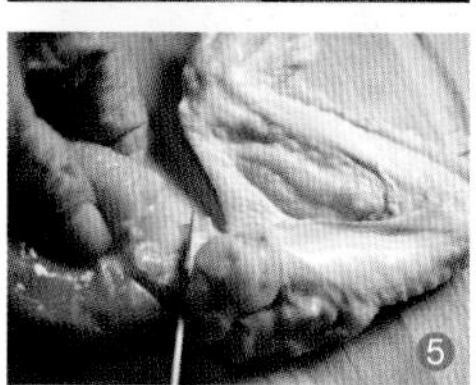

2 鮮雞翼切去近上段的胸肉❺，在上翼與中翼間切一刀，深約2厘米❻，雙手各執着雞翼一頭，向上一拗，露出關節❼，再往下一拉，便分成上翼和中翼兩部分，先將中翼的大、小兩條柱骨拉出❽，然後切去翼尖。在上翼環繞柱骨割一刀，將肉拉下❾，雞翼去骨便完成，一共12塊❿。

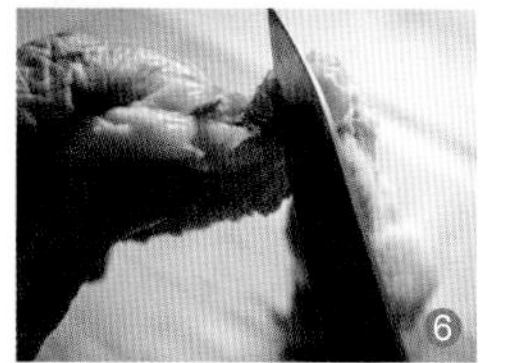

3 將雞上翼和雞中翼的肉一分為二，成為雞翼球⓫，置於碗中，次第加入調味料，一同拌勻。

4 中鍋內加水半滿，大火燒開後下油、鹽和糖，投下油菜薳⓬，一汆水即移出。

炒法

1 置中式易潔鑊於中大火上，鑊紅時下油2湯匙，先放下蒜片❶，繼下薑花片，投入雞翼球，排成一層❷，煎至一面金黃便濺酒❸，不停鏟動至雞翼球分散並脫生❹。

2 是時下帶子❺，加入葱段❻，勾芡❼，最後將菜薳回鑊❽，一同鏟勻上碟。

尋蛋記

在一本傳統粵菜食譜內，讀到有「蟹肉瓤鶉蛋」這道菜，覺得色香味俱佳，決定改良一下，做出我自己的版本。因為鵪鶉蛋在香港人的意識中，是膽固醇頗高的蛋類，500克的鵪鶉蛋，比同重量的雞蛋所含的膽固醇要多兩倍，講求健康飲食的香港人，多聞鵪鶉蛋而色變。

食譜指定用鵪鶉蛋，我可不可以改用其他的蛋呢？本來最合大小的是鴿蛋，可惜鴿蛋的蛋白太嫩滑，承載不起蝦肉做的瓤餡，而且不容易買得，於是想辦法找些小型的雞蛋來代替。超級市場上大蛋(L)甚至加大蛋(LL)多的是，要找小蛋(S)便難了，就算號稱小蛋的也嫌太大了。

因此連帶想起我在美國的家，山後有一條小路直通鄰鎮，半途有一家雞場，專生產雞蛋，我們在周末會特地到那裏買一種初生小蛋，比(S)號蛋還要小，殼上尚有血迹，我們貪它新鮮可愛，一盤盤的買回來，分派給女兒和朋友。我想，如果在香港也找到初生蛋，便很理想了。

到了攝影日，我着印傭到大埔街市，找最小的雞蛋來買，愈小愈好。結果她在街市外的攤檔，買到九隻的確很小的雞蛋，據說是初生蛋，只比鴿蛋大些許，甚合用。煮蛋後放入冰水浸冷，剝殼時竟然「黐殼」，再剝另一隻亦如是，顯見不能用，困惑得很。幸而為保險計，我又請大師姐帶來一盤竹絲雞蛋，有大有小，我挑了最小的，權充初生蛋，否則無法完成食譜的拍攝了。

這些竹絲雞蛋，雖說比超市的(S)較小，但也比我想要的為大。但事到如此，只好遷就，更不湊巧的是，請大師姐一起買一隻藍殼海蟹來，結果只得青殼的淡水蟹，拆肉的時候，費事得多了。新鮮海蝦又找不到，只得澳洲急凍藍尾蝦，樣事似乎不太順利，心中發悶起來。

更不明白的是為何初生蛋煮後會黐殼，是否新鮮度有問題？這麼在地攤檔隨便買的食物，既無標籤，擺放了多少時日，更無法知曉。照常理看，這幾隻小雞蛋一定是不新鮮的了。

找到了有趣的食譜，也得要有適合的材料，更要有愉悅的心情，全心全意的做去，方能有圓滿的結果。在頭頭是黑之下，這一道菜，能夠完成已是萬幸的了。拍出來的圖片，又因材料全部都是白色，只有百花膠上點點的紅色火腿茸，稍打破了單調，而淋在面上的蟹肉芡，很不明朗，白茫茫一片，我看了好生傷心。

為了證明這道菜是否合格，本來我是要戒蝦的，也放膽試了一塊，幸而口感、味道和外型都不錯，百花膠很爽口，加了火腿茸，更形鮮美，蛋大了些，誠為美中不足之處。

也許是年紀大了，對自己的廚藝和信心，再不如前，雖然我仍會繼續煮下去，寫下去，但總得有人鼓勵才成，否則走入了窮途，怎也走不出來了。

蟹肉百花瓤雞蛋

準備時間：約1小時

材料

竹絲雞蛋 8隻
掃蛋用生粉.............2茶匙
海蟹 ....1隻，約375克
鮮蝦 400克
火腿茸................1湯匙滿
雞蛋 .... 2隻，只用蛋白

蝦膠調味料

鹽 1/2茶匙
蛋白 .... 1湯匙(從上面)
生粉 1/4茶匙
麻油 1茶匙
糖 1/4茶匙
胡椒粉...................... 少許

蟹肉芡汁料

餘下之雞蛋白
雞湯 1杯
生粉 1茶匙
鹽、胡椒粉............各少許
糖 1/4茶匙
麻油 1/2茶匙

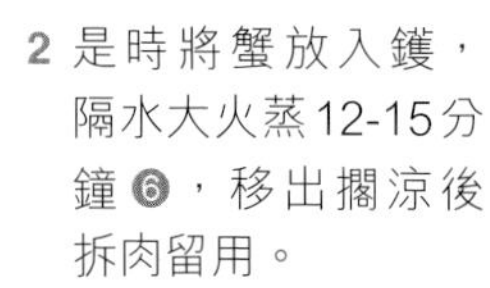

如果不介意用鵪鶉蛋，這道菜看來會細緻得多，能找到海花蟹或海蝦更佳。

準備

1 蝦去頭殼❶，從背部剖開，拉出蝦腸❷，加鹽抓洗❸，在水下沖淨❹，瀝水。排蝦在雙層廚紙上吸乾水分❺，捲起放入冰箱內冷藏起碼30分鐘。

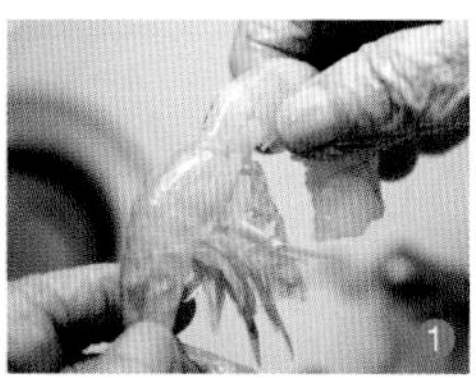

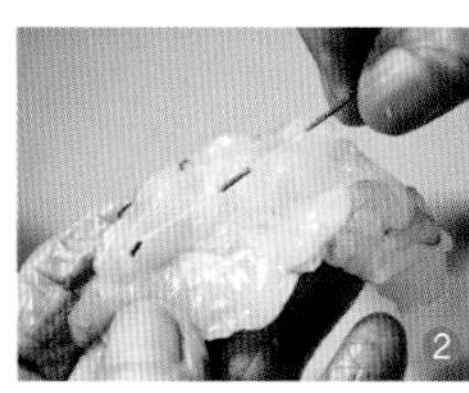

2 是時將蟹放入鑊，隔水大火蒸12-15分鐘❻，移出擱涼後拆肉留用。

3 火腿剁茸❼，留約2茶匙作裝飾。

4 取出蝦，逐隻在工作板上用菜刀捺薄❽，堆起，下鹽1/2茶匙，反覆交叉粗剁成蝦泥，放入碗內，先下蛋白❾，循一方向將蝦泥和蛋白拌勻，加入火腿茸❿、糖、胡椒粉、生粉和麻油，一同拌勻後，一手抓起，撻回碗內⓫，如是多撻數次使成爽滑的百花膠。

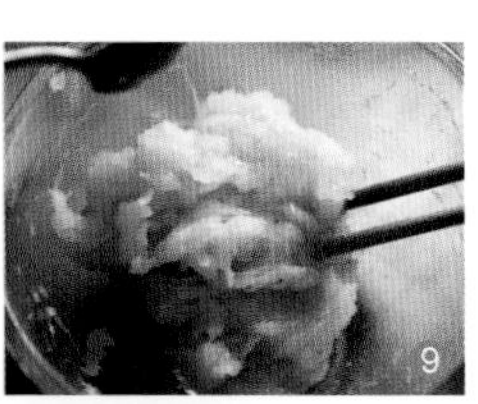

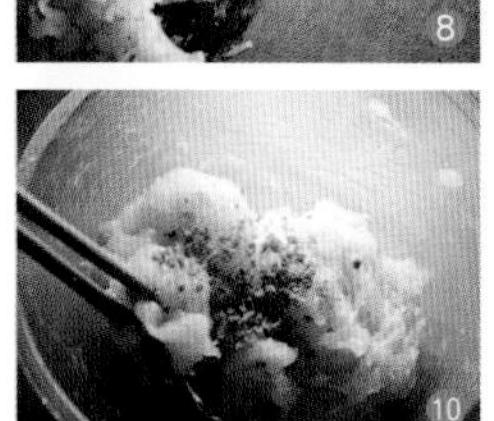

5 雞蛋冷水下鍋，大火燒開後加蓋⑫，煮10分鐘成熟蛋，移出在水下沖冷，剝殼，每隻直分為兩半⑬。

6 雞蛋在割口上掃上生粉⑭，取約1湯匙的蝦膠瓤在半個雞蛋上⑮，掃些蛋白在蝦膠面上使光滑⑯，加上火腿茸作裝飾⑰，排在平碟上。上鑊⑱大火蒸12分鐘便熟。

蟹肉芡煮法

置中式易潔鑊在中火上，鑊熱時倒下雞湯1杯❶，煮至湯滾便加入些許鹽❷、胡椒粉、糖，加入蟹肉❸，勾芡，不停鏟動至汁稠，下麻油1/2茶匙❹，吊下雞蛋白，推勻後鏟出淋在瓤蛋上供食。

殘荷

培養菌燴蓮子

2011年7月時楊鍾基和高美慶兩位教授從杭州西湖賞荷回來，電傳我們一系列的荷花照片，我靜坐電腦前，逐幅瀏覽，就算酷暑當前，也覺清涼可喜。

猶記1979年，我隨外子到上海交通大學講學，周末校方有位張教授，義務作陪同，帶我們到上海附近的地方遊覽，當然杭州是必訪的賞荷勝地。時維七月，荷花盛開，我們下榻杭州賓館旁、矗立在山坡上的「西冷賓館小樓」，此樓前身是林彪的別墅，很有氣勢，我們的房間面向西湖，坐在一列落地大窗前，整個西湖景色，一覽無遺。

杭州是長江以南有名的大洪爐，七月每天溫度都超過攝氏四十度，當時中國能源不足，凌晨便停止空調，我們徹夜難眠，要起床浸在浴缸內，等待天明。雖然荷花隨處，只可惜酷熱難耐，最要命的是當陽光普照，杭州公園的公廁臭氣薰天，大煞風景，現在想來也覺掃興。我看着電腦屏幕上的西湖，凱悦酒店和四季酒店靜立湖邊，設計新穎，遊客今日身處其間，當比三十年前優越得多，在空調的五星級大酒店內賞荷，再不會有我們的痛苦經歷了。

像所有的生物，荷花也有自然的輪迴，從絢爛歸於凋謝。夏去秋來，荷葉枯萎，荷塘中只餘腐葉枯枝，撐着一個個的棕色蓮蓬，蓮子也由翠綠清甜變得粉綿，是該收取曬乾了。近年在香港的傳統街市中，每到八月便有新鮮的老蓮子出售，有帶皮和去了皮的，都把真空包裝的比下去了。

夏天是品嘗冬瓜盅的季節，要是沒有顆顆鮮嫩的蓮子，冬瓜盅肯定會大為失色。不過，若要燒一鍋清涼的甜湯，那便非得用老的鮮蓮子不可。我做過一道七寶甜湯，鮮的老蓮子正是主角。

其實在中國長江以南的湖南、福建兩省，土壤和氣溫都適宜種荷。廣州以前的泮塘，以產蓮藕、馬蹄(荸薺)、菱角、茭白、茨菇五秀著名。今日的泮塘已無昔日的痕迹，風靡一時的國營泮溪酒家，已由私人財團收購，連店名也改了。留在香港人的記憶中，只有農曆新年，家家做馬蹄糕時方會想到馬蹄粉的出處泮塘。

在中國的文學中，七千年前的《詩經》上即載有「山有扶蘇，隰有荷花」之句。在歷史悠久的文學記錄內，文人描寫荷花和它的衍生物的詩文，不勝枚舉。香港中學生無不熟讀宋朝周敦頤的「愛蓮説」。除此，《儒林外史》第一回，説王冕小時家窮，要替人放牛，把牛栓了，不忘作畫；夏天畫荷，冬天畫梅的故事也很有趣。而五四時代新文學家朱自清的「荷塘月色」，文字美妙幽雅極了，都喚起我兒時見到廣州的泮塘，那連綿阡陌的荷塘，和與泮塘相連的荔枝灣頭，燈彩璀璨的遊河小艇的記憶。

除蓮子外，荷的根就是我們日常吃到的蓮藕。荷的為用，與我們生活息息相關，蓮子不止可以入饌，也是中秋節蓮蓉月餅主要的材料。蓮芯是蓮子中兩片綠色的胚芽，味苦，也可作藥用。

最近我在電視烹飪節目中，見到黃婉瑩用頗大分量的乾蓮子做荷葉飯，連帶想起這些荷的瑣事，趁鮮的老蓮子仍然有售，便做了以下簡單的食譜。

培養菌燴蓮子

準備時間：約30分鐘

材料

鮮老蓮子 275克
油 .... 1湯匙+2茶匙
雞湯 1/2杯
鹽 1/4茶匙
糖 1/4茶匙
花菇 3隻
茶樹菇 300克
鮮冬菇 150克
杏鮑菇 225克
鮮草菇 200克
蒜 ....1瓣，拍成數小塊
紹酒 2茶匙
麻油 1茶匙

調味料

雞湯 1/2杯
蠔油 2茶匙
頂上頭抽 2茶匙
鹽、糖、胡椒粉 ....各少許

芡汁料

生粉 ...1茶匙+水2湯匙調勻

鮮蓮子過造後，可以用乾蓮子代替，或當造時買備，放入冰格內，可保存半年。今日培養菌品種多樣，可隨意選擇。

準備

1 花菇洗淨，以1/2杯水浸軟，斜刀切0.4厘米片❶，留浸菇水。

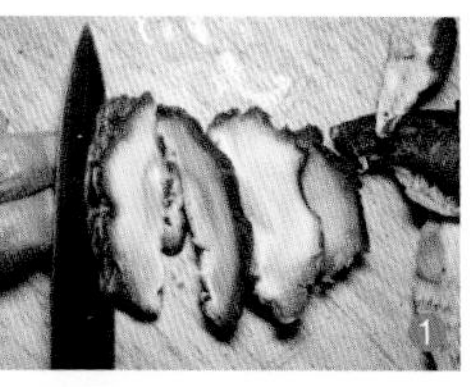

2 茶樹菇剪去菌柄老硬末端❷，以小掃掃淨其餘部分❸，置微波爐內，大火（100%火力）加熱1分鐘，移至疏箕內瀝水。

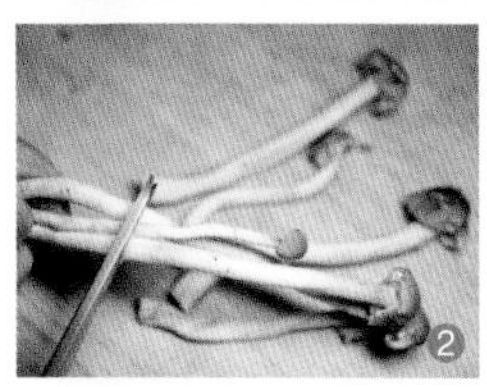

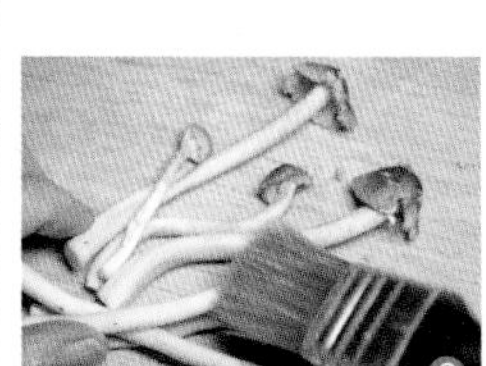

3 鮮冬菇剪去菇柄❹，掃淨❺，同樣放入微波爐內大火加熱45秒，移出瀝水。

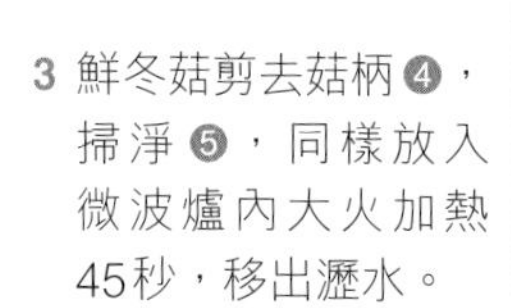

4 杏鮑菇以微濕廚紙揩淨，切滾刀塊❻，放入微波爐加熱45秒❼。

5 鮮草菇改去底部硬塊❽，在菇頂切一「十」字❾，汆水後瀝乾。

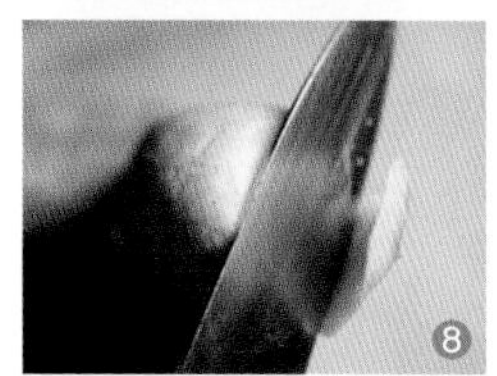

6 用竹籤從蓮子底部的小孔推進，把蓮芯推出 ⑩，洗淨後汆水，煮至沸騰 ⑪，倒出至疏箕，在水下沖淨苦味。

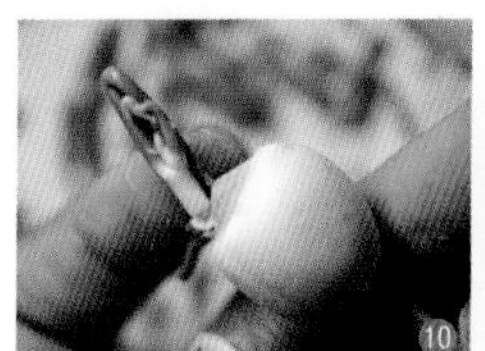

燴法

1 置中式易潔鑊於中火上，鑊熱時下油2茶匙，放下2片蒜爆香 ❶，加入蓮子炒透 ❷，下雞湯1/2杯和浸菇汁 ❸，加鹽、糖調味，煮約5分鐘，加蓋煮至汁液全部收乾為止 ❹，移出。

2 揩淨鑊，置回中大火上，以油1湯匙爆香蒜瓣，先下花菇片同炒 ❺，次第加入茶樹菇、杏鮑菇、鮮冬菇一同炒勻 ❻，最後下鮮草菇，灒酒，加入雞湯1/2杯 ❼，下調味料一同鑊勻 ❽。

3 蓮子回鑊 ❾，試味後一同鑊勻，煮至蓮子入味便可勾芡，下麻油包尾，上碟供食 ❿。

材料的形狀

瑤柱蘿蔔球

在處理食材的時候，很多時都會由大分小，世界上不同的菜系，更產生了不同的刀法。中菜注重炒法，物料在下鑊之前，為使能平均受熱，必得要切成大小相若的片、塊、條、絲、丁、粒、泥、茸等形狀。炒法以外，許多大塊的物料也會分成小塊去處理。但為保持物料的原狀而不需加刀工的整隻家禽，整條的魚又當別論。

冬瓜體積大，拿來做例子最適當。橫切一大圈，可以直切成厚塊，最合與其他物料同燜；切一大塊可做白玉藏珍；切粒可做八寶冬瓜湯；磨茸可做冬茸燕窩，更可橫切成盛器去燉冬瓜盅，切法不一而足。上世紀二十年代初風靡廣州之「太史田雞」內的冬瓜是球狀的，要從冬瓜肉質最結實的部分，先切出方丁，然後修成小球，手續繁瑣。一鍋湯起碼需要三、數十個這樣的小球，是我老家筵席的上菜。九十年後的今天，罕有酒家會跟隨昔日的傳統去削冬瓜球了。現代廚具發展一日千里，我們雖可以採用一隻半球形的鋼匙，從冬瓜肉挖出小球，但都不像手削那樣勻稱美觀。美國人認為朋友往還，不論主婦廚藝高低，應該在家請客，以示主人的誠意。西式宴客，燒一大塊肉加些伴菜便很合禮數了。但講禮的中國僑胞，仍守逐道菜上桌的傳統。為求省事，有些主婦寧可把所有「食債」一次清還，改用Buffet方式，事前計劃周詳，把需要最後加工的菜式減至最少；涼菜先行準備，放在冰箱內，燜菜、燉菜弄好後放入烤爐內保溫。只有青菜一項最頭痛，人客到齊方可下鑊，所以是烚的居多。

1970年代初，中式的家庭宴客菜式，屬蔬菜類的常有「雪嶺紅梅」，是火腿燴整個椰菜花；「奶油津白」是雞湯燜捻津白加奶油芡；「金鈎蘿蔔球」是用紅色的小蘿蔔（radish），先用醋煮一過褪去外皮的紅色，用蝦米和雞湯同燜，這些都是可以事先準備而不會發黃的蔬菜。再加一大盤烚菜便足夠了。好些香港移民，手邊會有本香港出版的《無比中菜食譜》，以備參考。其中京菜部分有一道「乾貝蘿蔔球」，做法是先從大條的白蘿蔔切出約3厘米丁方的塊，再要慢工細削為圓形的蘿蔔球，才用乾貝加雞湯同煮。沒有傭人幫忙，聰明的主婦想出妙法，買數紮小蘿蔔，加些醋去煮，皮色變成白中帶微紅，省了削蘿蔔球的工序，更用蝦米代替乾貝，便是一道經濟實惠的新菜了。

在香港想找小蘿蔔也很容易，大型超級市場終年有售，但來源不詳；本地出產的，造期從十月至翌年三月，價廉而新鮮，還連着苗，紅紅綠綠很可愛，但皮較厚，不似可用醋煮便能褪色。而且我認為，小蘿蔔經醋煮後，味道多少會受到影響。那天在大埔街市讓我看到了本地菜檔有似是剛從泥土挖出來的，便立刻全部購清，只得一斤半，心想也可夠做一碗瑤柱蘿蔔球了。反正有印傭幫忙，兩人合作，不一會便把皮削好。小蘿蔔據説是由羅馬人開始種植，傳入中國。現時世界各國都有種植，有不同的顏色；紅、玫瑰紅，深紫、紫蘿蘭、白、甚至黑色都有。小蘿蔔肉質細嫩，味道清甜，比一般的長身白蘿蔔要溫和而不帶辛辣，煮至恰到好處時看似粒粒半透明的大珍珠，煞是悦目又好吃。

瑤柱蘿蔔球

準備時間：約70分鐘

材料

大粒碎瑤柱.............. 40克
薑.............................. 2片
紹酒 1茶匙
糖.........................1/2茶匙
小紅蘿蔔 1,000克
油...........................2湯匙
薑.............................. 2片
紹酒 2茶匙
清雞湯....... 1杯＋水1/2杯
生粉 ....1茶匙＋水1/4杯
麻油 1茶匙

調味料

鹽......... 1/4茶匙(或多些)
糖.........................1/2茶匙
胡椒粉...................... 少許

外省人稱瑤柱為乾貝。現時香港的瑤柱價格飆升，用量多少，悉隨個人決定。以蝦米代替，小蘿蔔的味道也不錯的。

準備

1 瑤柱置碗內，加熱水1杯，浸15分鐘❶，下薑、紹酒和糖❷，入鑊中火蒸30分鐘，薑片棄去。

2 與此同時，以小刀削去小紅蘿蔔的苗❸，洗淨後把紅色的皮逐一修去成為白色的小蘿蔔球❹。

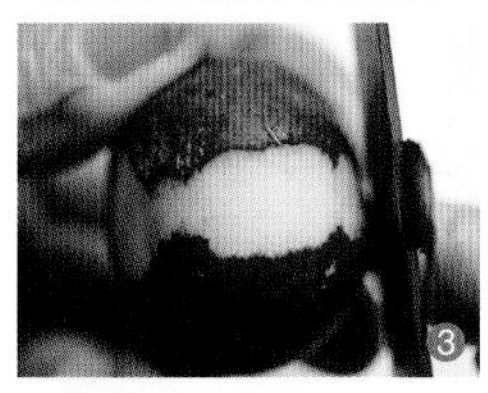

燜法

1 小蘿蔔球汆水，瀝乾待用。

2 置中式易潔鑊於中大火上，下油2湯匙爆香薑片❶，加入小蘿蔔炒透❷，倒下瑤柱❸連汁，灒酒❹，加入雞湯和水❺，蓋起，改為中火，煮約20分鐘❻至小蘿蔔呈半透明狀。

3 下鹽、糖、胡椒粉調味❼，試味後夾出薑片棄去，吊下生粉水❽，不停鏟動至汁稠❾，下些胡椒粉再下麻油❿便可上碗供食。

野菜不野

野菜兩味

吃野菜不是廣東人的傳統。小時候在家中接觸到的野菜，記得只有雞屎藤、田灌草和野莧菜這三種。雞屎藤的葉可食，清明時節廣東人用之做成小食，把葉子搗碎，和以糯米粉和粘米粉做皮，包着的餡子多是甜的，搓成丸子後，用餅模壓成杏仁餅狀，放在墊上蕉葉的蒸籠內蒸熟而成。雞屎藤名字欠雅，但清香可口，風味獨特，清明時天氣潮濕，吃之可祛濕毒。田灌草又稱車前草，味甘性寒，家中堂兄弟長了青春豆，老家僕常為他們煮田灌草黃糖粥清熱，印象中這種粥一點也不好吃。野莧菜便不同了，比普通的莧菜多了一串串的菜籽，用來滾魚片湯，味帶甘涼，很適口。據說這些植物只有野生的，街市無售，要到生草藥店購買。

時光流逝，可惜數十年來我都沒有吃野菜的機會，直到1979年從美國回到香港後，在上海總會才大開眼界，領略到江南野菜的風味。有一年，前王劍偉會長(現已故)招宴，說是親自從上海挑選得碩大的洋澄湖大蟹和白魚，老廣東的我們，聽了雀躍萬分，欣然以赴。殊不知除了蟹和魚，還有王會長請人到上海近郊撿摘來的野菜，有薺菜、草頭和馬蘭頭，大大增長了我們的見識。此後在江浙館子吃飯，總不忘點選薺菜餃子或香乾馬蘭頭。1993年我們正式從中文大學退休回美，外子暇時喜在後園種菜。我家的廚房是向街的，可看到前面的草坪，每天一大群不知名的黑鳥兒，毛色亮麗，頭戴紅纓，頸圍一圈白羽毛，在草地啄來啄去，不一會又飛到後園，照樣啄食。黑鳥群就是這麼飛來飛去，後園鋪了白石的一畦地，竟長了不少野莧菜。上海學生楊世芬的媽媽，還撿到薺菜哩！ 1998年我們重回中大，每年回家，車房門前鋪了石子的一塊地，在石縫中無端長了很多馬齒莧，今天摘來炒了，過兩天又長回來，綿綿不絕。馬齒莧真好吃，脆嫩多汁，微帶酸味，用大量的蒜頭來炒，真的比一般蔬菜更具韻味。後園經我們加意灌溉，韭菜復甦了，取之不盡，還有不少的野莧菜，都因為有了水分而冒出來，野莧菜像一棵小樹，高達一米多，有很多小嫩枝從主莖和葉間長出，我每天提着籃子，總摘得滿滿。

黑鳥群仍然每天踱來踱去，口中唧了甚麼來，啄了甚麼去，都不是我們所能了解，最要命的就是草地上雜長了不少的三葉菜(clover)，鏟了又生，氣得園丁呱呱叫。後來楊媽媽說這是她們最愛吃的「草頭」，我說你們來採吧，無任歡迎。想不到這回在香港一留便是十四年，星期天的鐘點幫傭，曾在北京人家做過，學到了做麵食的好功夫，我也讓她一顯身手。從此只要我有空，星期天吃餃子成了我們的例行午餐，她把所有餡料都切剁好，由我來調味，她和麵擀皮子，我包餃，她的皮子很小巧，勁道十足，包起餃來一口一個，我真的想不到外面有那間館子比我家自製的更精緻可口。餃子餡的菜時常更換，幫傭住近九龍城，來前會為我到新老三陽買來新鮮的薺菜或馬蘭頭。馬蘭頭有幽香，伴豆腐乾是絕配；但我不會用來做餃子餡，反而喜歡用來炒素飯。薺菜除了做餃子餡，冬筍當造時，薺菜炒冬筍的滋味，鮑參翅肚也不如哩！香港的氣候和土壤都與江南不同，長不出江南的野菜。其實以前買得到的江南野菜，如今都不是野生的了，全是肥胖青綠的種植品，香味和口感大不如前，我們口中嘗着時只好當是野菜了。

野菜兩味

野菜有草青的澀味，應在開水中稍汆一下，再放在冰開水內保青，否則變黃了，很難吃。野菜是沒有代用品的。

材料

馬蘭頭.................. 250克
五香豆腐乾................ 2塊
糖............................2茶匙
鹽......... 1/2茶匙(或多些)
麻油........................2湯匙
菇素或無味精雞粉... 1/2茶匙

馬蘭頭

提示

馬蘭頭和薺菜在南貨店有售。

香乾拌馬蘭頭

準備時間：30分鐘

做法

1 五香豆腐乾放在大碗內，加入燒沸開水❶，浸20分鐘以去鹽味。

2 洗淨馬蘭頭，揀去雜物，燒開一大鍋水，投下馬蘭頭❷，燒至水重開便倒在疏箕內瀝水，繼放入冰開水內保青❸，擠去多餘水分❹。切碎❺。

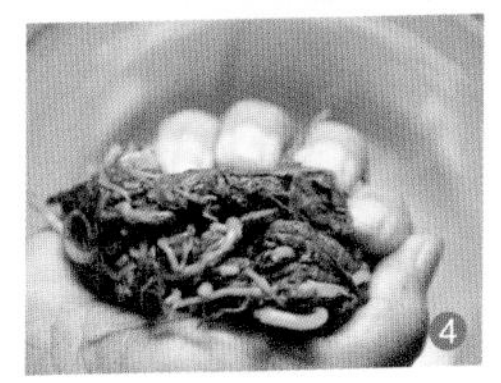

3 取出豆腐乾，以手按住❻，平片切為4片❼，先切4毫米幼條❽，再切方丁❾。

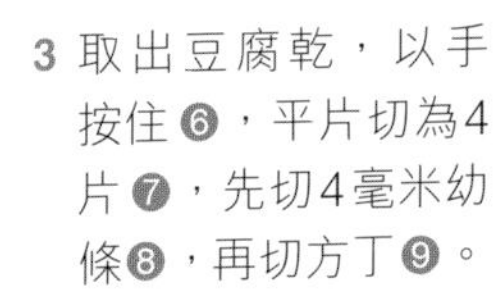
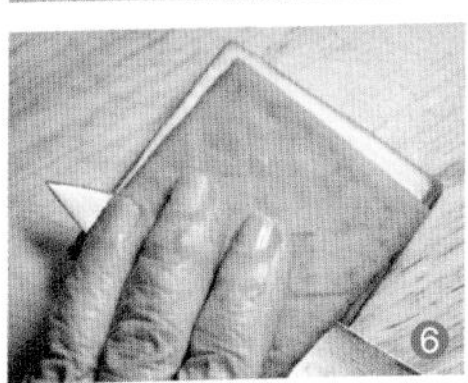

4 大碗內放下豆腐乾粒和馬蘭頭❿，拌勻後加入麻油、糖、鹽和菇素⓫，試味後入放模子中，壓實使勿散開，便可作餐前涼菜供食。

薺菜炒冬筍

準備時間：30分鐘

材料

冬筍(連殼)	450克
薺菜	175克
油	2湯匙
鹽	1/2茶匙(或多些)
糖	1茶匙+1/2茶匙
雞湯	1/4杯

做法

1 冬筍在殼上自首至尾割開❶，切去頭部老的部分，削去筍衣❷，便得可用筍肉兩隻，投在一鍋開水內❸，加入糖1茶匙，煮5分鐘，然後切成小塊❹。

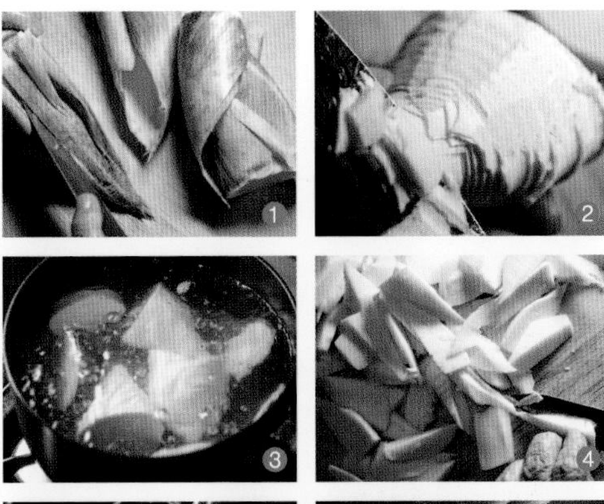

2 薺菜汆水，移出瀝水後浸在冰水內保青❺，擠去多餘水分❻，集成一球❼，全部剁碎留用❽。

3 易潔鑊置中火上，放入筍塊，白鑊烘乾❾，先加入糖鏟勻，再下油2湯匙，繼下碎薺菜❿，改為中大火，倒下雞湯⓫，加鹽調味，不斷兜炒至薺菜平均地分佈在筍塊中，試味後便可上桌⓬。

玩具・玩意

豬頸肉南瓜盅

如果你覺得烹調是樂事而不是苦差，那你一定是個幸福快樂的人。你試想，從計劃、採購、準備、完成至上桌，都包含一連串心思；若你心不在，煮出來的東西便失去了神髓。就算你有家傭，她是否用心去煮，也一嘗即知。在家外館子吃飯，廚子是專業人才，如缺乏了敬業樂業的精神，哪會有精彩的菜餚奉客！

喜歡下廚的人，往往能在烹調中找到樂趣；買到特別而新鮮的材料，想到用不同的方法，又或找到一件新的廚具，都會啟發了創意，燒出只此一家別出心裁的菜式，增加滿足感。上幾代的下廚人，只憑簡單的廚具，便可弄妥每日三餐。而今飲食文化一日千里，廚房的環境日見改善，主要廚具固然一應俱全，而輔助廚具花樣之多，大有一物一用之概。只要你到大百貨公司的家品部或廚具專門店瀏覽一下，你總會忍不住買一、兩件回家玩玩。其實買這些小廚具時，不外乎覺得有趣好玩，是否實用還是其次的問題。我在1998年由美國重回香港時，只得三套碗碟，一鑊一湯鍋和一個電飯煲而已，但居然也應付自如。曾幾何時，我家廚房雜物之多，簡直目不忍睹，又因每星期要寫食譜，有需要時不停增添，有時午夜夢迴，猛然會想起這些身外物而擔心得無法成眠。更想到要搬家時，住所會由大變小，必得捨棄一部分，竟由擔心變成傷心了。2011年暑假回美國，在農人市場買到一個有機日本南瓜(kobacha)，肉色金黃，質感粉綿甘甜還勝栗子，而且瓜籽豐滿成熟，我隨手撒了一把在門外的一畦地上，其餘的洗淨後晾乾，放在鑊內用小火炒烘，便是十分香脆的南瓜仁了。

到了感恩節，小輩從美國來看我，竟帶來一個南瓜，說是我家地上自己長出來的，一共有四個，其他的她們分享了。南瓜不大，重約一公斤多，皮呈墨綠色，瓜蒂一如中國南瓜，微彎有致，我捨不得吃，放在桌上作陳列品，新年時朋友來訪，總拿這個「親生仔」作話題。日本南瓜十分耐貯，從感恩節收成後一直至復活節，都有出售。香港氣候不同美國，春日陰雨連綿，家中所有物品都像發了霉，南瓜已擺了四個月，我恐怕變壞，決定趁早做個南瓜盅。我常在飲食廣告中看到不同南瓜盅的設計，南瓜蓋子和瓜身的切口相吻得天衣無縫，不是一刀一刀所能切成的效果，因而想到以前在美國家中切冬瓜盅的三角刀，便請攝影師代我到上海街走一趟，結果只找得圓底而不是三角形的，也只有這麼一件，便買下了。

當然尖底和圓底的三角刀，用法上有分別，切出來的南瓜盅，相貌也不相同。為了要多取南瓜肉，我特地把蓋子切大些，瓜盅反而切淺些，南瓜蓋去皮後切成方丁，與豬頸肉同燜，加入泰國魚露，最後放下大量自種的金不換，鏟出盛在瓜盅內。南瓜清甜粉糯，豬頸肉爽脆，口感成一大對比。吃完燜南瓜，留下的瓜盅還可第二天再用；盛載豉汁蒸排骨，有瓜有肉，正是一舉兩得，物盡其用。南瓜富含胡蘿蔔素，供給人體所需的維他命A，是美味有益的食品。但一般豬頸肉含脂肪頗多，用前請盡量片去，以免攝入過多的飽和脂肪，影響健康。

豬頸肉南瓜盅

準備時間：約25分鐘（切瓜盅不計）

材料

日本南瓜 ...1個，約1,000克
豬頸肉 350克
油 1湯匙
紹酒 1茶匙
蒜 .... 2瓣，拍碎
金不換 30克
頂上頭抽 2茶匙
生抽 1茶匙
鹽 1/4茶匙
糖 1/2茶匙
胡椒粉 .... 少許
雞湯 .... 1杯＋水1杯

豬頸肉調味料

魚露 1湯匙
生抽 1茶匙
糖 1/2茶匙
胡椒粉 .... 少許
生粉 1茶匙
麻油 1茶匙

花一番功夫去修飾南瓜，其實不是必需，只是好玩罷了。讀者大可隨意把蓋子切出，便成南瓜盅了。

準備

1 用幾枚大頭針和橡筋，圍繞南瓜一圈以定出瓜蓋和瓜盅的比例❶，沿橡筋切一淺痕，用小刀依切紋割入❷，便分為瓜盅和瓜蓋兩部分❸。

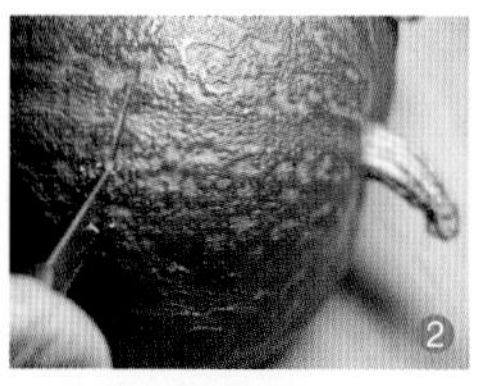

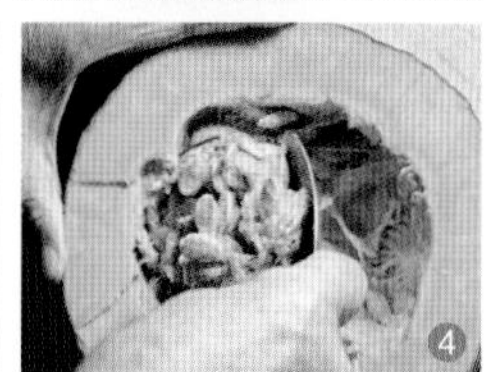

2 挖去瓜盅的瓤❹，用三角刀❺切出「狗牙邊」❻，修齊邊沿，便成花式瓜盅❼。用保鮮膜包好，上鑊中大火蒸10分鐘至熟❽。

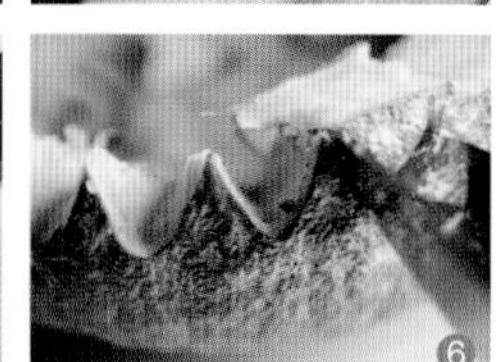
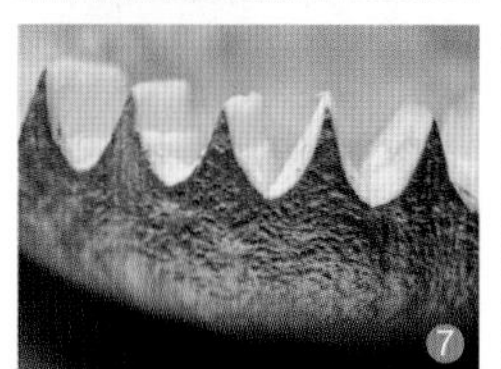
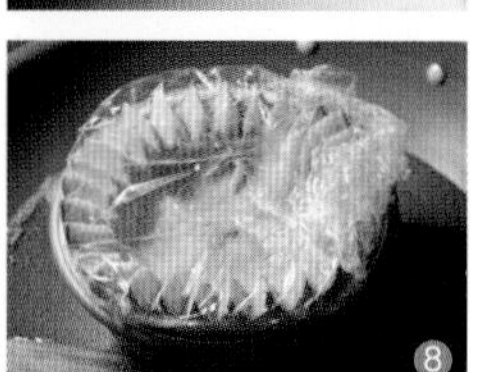

3 瓜蓋去瓤去皮❾切成2.5厘米方丁❿，留用。

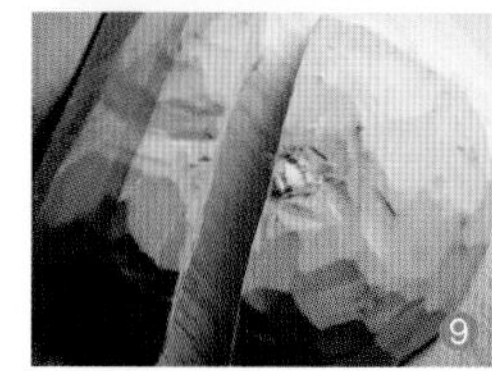
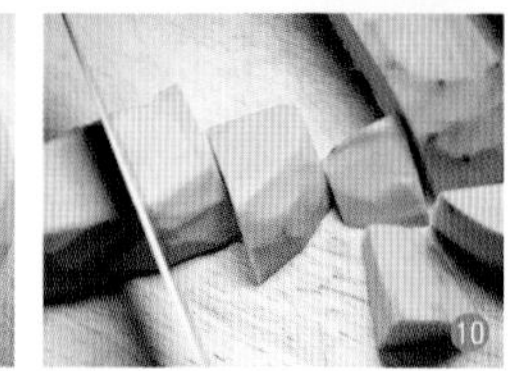

提示

1. 日本南瓜在日式超市或農人市場有售。可代以中國小南瓜。
2. 瓜盅修邊，全為賣相，最宜待客，吃完南瓜，瓜盅可重用一次，加入粉蒸肉、糯米飯或豉椒排骨俱可。若是家常飯餐，只需把蓋切出，不用修邊。

4 豬頸肉修去脂肪⑪，淨肉約得300克，先順紋切條，後切2厘米方丁⑫，置於碗內，依次加入魚露、生抽、糖、胡椒粉和生粉⑬，麻油下至最後，一同拌匀⑭。

燜法

1 置易潔鑊於中大火上，鑊熱時下油1湯匙搪匀鑊面，倒下豬頸肉排開成一層❶，煎至轉色便翻面，亦煎至金黃，加入蒜瓣鏟匀，濳酒❷。

2 是時加入南瓜炒匀❸，倒下雞湯❹，再加水約1杯使及南瓜面，改為中火，煮至汁滾，加入頂上頭抽❺、生抽和鹽1/4茶匙，些許糖和胡椒粉❻，加蓋煮至汁液將行收乾，南瓜亦煮至粉綿❼，試鹽味後便投下金不換❽，鏟出鑊內所有，盛至南瓜盅內，原個供食。

未能食肉

鹹魚雞塊炒茄子

我不是素食者，但我一生對肉無大興趣，食與不食都不在乎，家常便飯通常有魚有蛋有豆品有菜蔬已覺很豐足，雞也只是一星期吃一次，平日也不會吃零食或甜品，算起來我的飲食習慣可説是十分健康的。年輕的時候或許不介意食肉，不過年事漸長後身體新陳代謝減慢，消化能力出了問題，吃了牛肉或豬肉，總覺得腸胃不舒暢。但與外子同飯，總得要遷就一下加入些肉類，多與蔬菜同煮，不會超過100克，我反而喜歡挑選葷邊素來吃。

少量的豬肉我絕對不會抗拒，肉碎和肉絲都是十分靈活的百搭。若説到吃大塊的肉，機會並不多。最記得日人侵華時，母親帶着我從香港回廣州，輾轉到大後方的曲江，那時雖然肉食缺乏，但豬肉沒有限制，天天有售，只是生活艱苦，母女二人十分節儉，只能吃些少豬肉。每月在十五日那天是牛期，因為難得，母親一定會買備一大塊牛腩，先煲湯飲了，牛腩肉以麵豉再燜，這樣有湯有肉的，有如久旱甘霖，滋潤一下乾槁的「克難」肚子。光復後國共南下，我又重履香港，當家教的時候天天外食，求其快捷，少不免光顧燒臘店，吃得最多的是叉燒飯，直到如今，看見別人捧着一盒叉燒飯，心裏也會發毛，等閒不會找來吃。後來到了美國，情勢大變，美國是世界一等的食牛國，在學校飯堂內如不吃牛肉便沒有太多其他的選擇；久而久之，我也沒有這麼怕吃肉了。搬家到加州後，有了自己的家，燒飯是生活的主要部分，我練精學懶，時常煮一大鍋紅燒牛肉或豬肉，吃它數天，又或煮多量的咖喱雞，換換口味。一般來説，這些都是肉多菜少的食物，那時年輕，不知避忌，一直要等到在大學營養系教中國膳食時，方才身體力行，漸漸對吃入口的東西多加注意。

1997年回港定居，飲食模式一再改變，多吃了海魚和豆品，到現在仍然如是。平日家常菜饌，都是肉少菜多，一小塊肉，在我手上弄得頭頭是道，絕不因為量少而覺得匱乏。那時游水海魚的供應，比現在豐盛得多，而我開車到街市又絕無問題，有十多年都是自己買菜，隨心所欲。最近女兒説在加省一家順德館子吃到「鹹魚肉粒炒茄子」，非常惹味，茄子是泡過油的，保持了鮮麗的紫色，好看又好吃，她提議我試做改良版本，只要鹹魚夠霉香，一定有意想不到的效果。我初試菜的時候不用豬肉，改用了巴西急凍雞柳，覺得這種雞肉粗而無味，後來着傭人到大埔買了一隻活雞，斬開分兩次用，把皮和脂肪去掉，再出骨，切成2厘米的方塊，加上茄子和鹹魚。市上茄子有兩種；本地種植的細長深紫色的和肥大淺紫色的，我較喜歡前者，愛它深紫的皮色。所有茄子都吸油，為了省油，我便不得不借助微波爐了。至於鹹魚，可到雜貨店散買，霉香鮫鹹魚比馬友鹹魚普遍，價錢較平，香味也不錯，是另一選擇。膾炙人口的鹹魚雞粒炒飯，風行了幾十年，鹹魚與雞粒的確是無敵配搭，港人就算多怕鹹魚，也忘不掉這心頭之好。就這麼集合鹹魚、雞塊和茄子這三種材料，炒成一盤香噴噴的好菜，拌着飯吃，滋味無窮。真像蔡瀾先生常説的，鮑參肚翅要靠邊站了！

鹹魚雞塊炒茄子

準備時間：約40分鐘

材料

新鮮雞...................... 半隻
油............. 2湯匙＋1茶匙
馬友鹹魚................. 75克
薑............................. 2片
本地幼身茄子........ 600克
水........................... 1/4杯
蒜............................. 2瓣
青葱......................... 4條
長、青紅椒........... 各1隻

芡汁料

生粉 ....1/2茶匙＋水1/2杯

雞肉調味料

魚露.......................1茶匙
頂上頭抽................2茶匙
胡椒粉...................... 少許
糖...........................2茶匙
紹酒.......................1茶匙
生粉...................1/2茶匙

提示

1. 本食譜的茄子在下鑊前用微波爐先行加熱，以免變色。
2. 所用微波爐，輸出功率為1,000瓦特。

馬友鹹魚和本地幼茄子不過是我個人偏好，讀者可隨己意選擇。

準備

1 雞斬去頸❶，在雞翼與胸肉間的關節割開，把翼切去❷，留作別用。

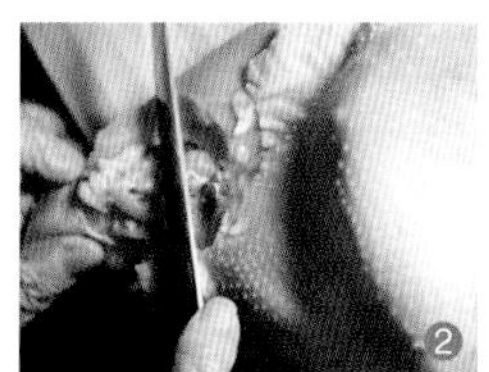

2 切出雞腿❸，將雞皮拉下至腳踝處❹，剪出雞皮，在大腿和小腿間的關節割開。

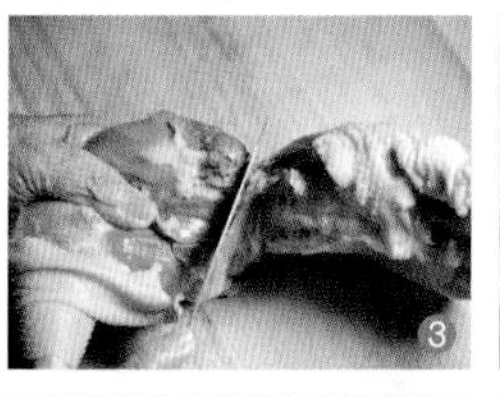
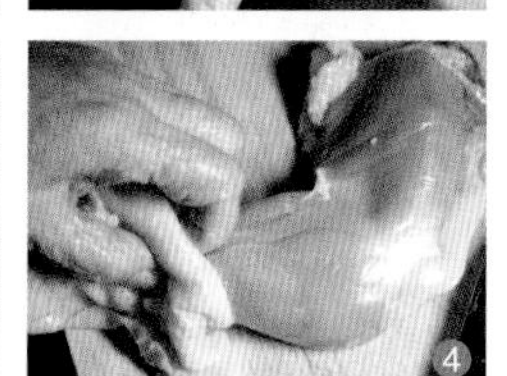

3 大腿用小刀伸入柱骨下面，從一頭片至另一頭❺，便可拉出柱骨❻。同樣從中割開小腿柱骨，從柱骨底向前伸去，把骨鬆開❼，又沿踝骨把肉切開，拉出柱骨❽。

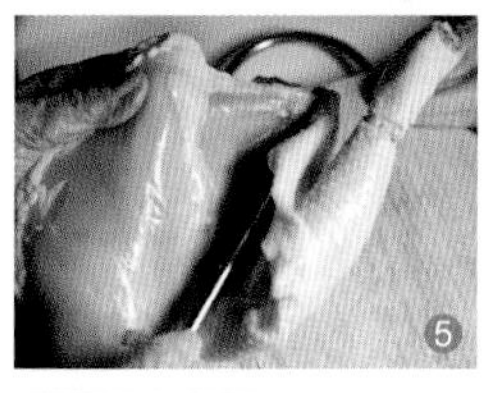

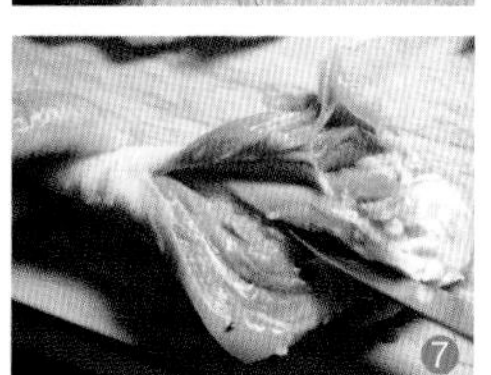
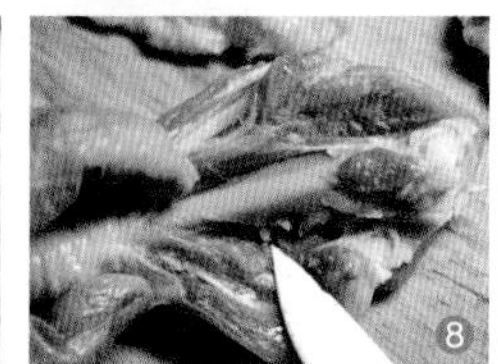

4 拉去雞胸外皮❾，從尾部切入，邊切邊把胸肉拉出，露出雞柳，亦拉出❿。

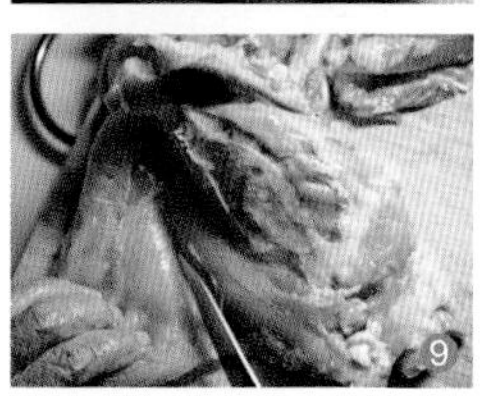
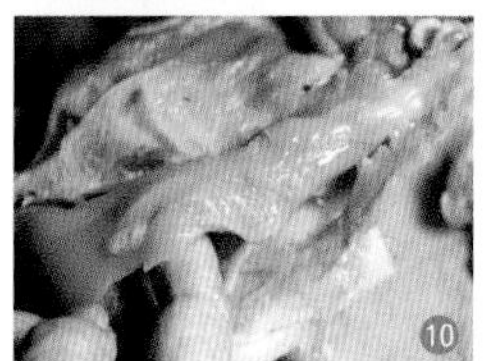

5 共得腿肉2塊，胸肉1塊和雞柳1條，共4塊⓫。

6 胸肉順紋切2厘米的條⓬，再切方丁。腿肉盡量剔去厚膜和脂肪，亦切2厘米小塊。

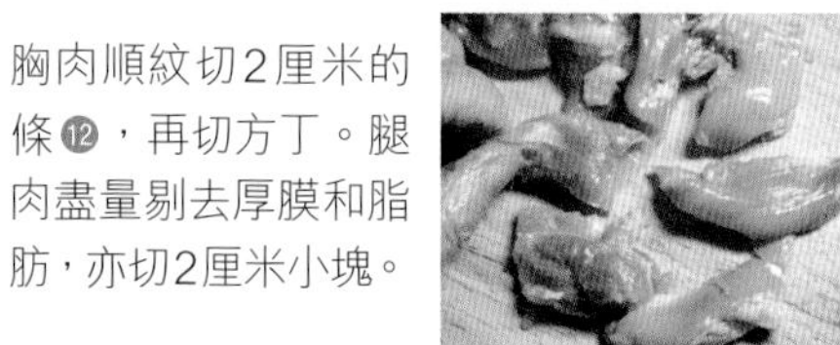
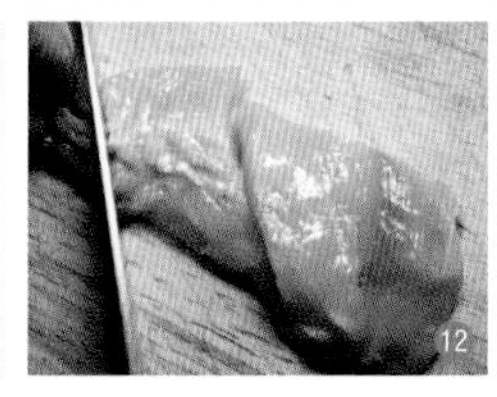

7 雞塊置小碗中，依次下魚露、頭抽、胡椒粉⑬、糖、紹酒和生粉，一同拌勻⑭。

8 青、紅椒切3毫米寬長絲，葱切5厘米長段，蒜切片⑮。

9 鹹魚置小碗中，下油及薑絲，上鑊中大火蒸5分鐘，去皮揀骨⑯，待用。

炒法

1 蒸鹹魚時同步處理茄子，去蒂後以梅花間竹式自首至尾刨出兩條外皮❶，切成6-7厘米長段，每段直分為兩半❷，放在耐熱玻璃盤內❸，蓋起，置於微波爐內，大火(100%火力)加熱3分鐘，移出將茄子上下調動，蓋起多加熱3分鐘，移出瀝水即用。

2 置易潔鑊於中大火上，鑊熱時下油2湯匙❹，加入雞塊，排開成一層❺，加入蒜片同煎雞肉至一面金黃，放入鹹魚肉和薑絲❻，鏟勻後加入茄子條和水1/4杯，加蓋，煮至水乾，試味，投下青紅椒和葱段，勾芡❼，鏟勻上碟❽。

一念之差

肉燥燴竹筍

提起台北，便會想到牛肉麵。説到台南，自然不能不説肉燥飯了。我生平只到過台灣三次，初次認識台灣飲食，卻在美國加省的聖荷西。我們經常光顧的中式超市旁，有一家專賣滷味的小店叫「萬家香」，英文名字很古怪，是(Day O Deli)，不知者以為這店專賣昨天的殘羹剩菜，其實貨色有板有眼，正宗台灣味道。許多華裔在超市買完菜，順便買些滷味回家佐膳，省卻一番功夫。店主是台灣人，滷味與廣東燒臘店的口味不同，有頗重的香料和濃厚的醬油味，菜名也不是我們廣東人懂得的，要光顧這滷味店多次方能分出甚麼是肉燥飯，滷肉飯和焢肉飯。

許多在矽谷工作的台籍僑胞，下班後會來這裏匆匆挑上三兩種滷味，店中經常有一大盤肉燥，不論客人買甚麼，店員都會加添一匙的肉燥，算是贈品。帶回家中時，可能孩子們已用電鍋燒好飯，一家可以坐下來舒適地享受了。外子最愛肉燥飯，但不敢當着我面前饞吃。女兒識趣，往往借故要帶他出外吃中餐，其實是去吃這台灣式的肉燥飯。因為我不能吃味精，她會另到健康食店買三文治給我。肉燥飯在我家，是「只聞樓梯響，不見人下來」的東西而已。2006年外子和幾位同事一起到台北參觀當年的書展，帶回六本台灣出版的《飲食》雜誌，內容豐富，特約作家陣容鼎盛，遍及全世界。過去多年，我讀了數次，愛不釋手，每次讀畢都覺得雜誌充滿飲食文化氣息，主編焦桐，真有魄力，可以不計工本去出版這麼題材嚴肅、圖文並茂的好書。很可惜，雜誌印了十多期便停刊了。在第十二期，是以台灣綠竹筍為主題，其中有一道「葱燒滷肉燜竹筍」看來十分吸引，但滷肉和筍都是大大塊的，我決定把滷肉塊改為肉燥。適大師姐從台灣旅遊回來，在《信報》的專欄內大談肉燥，我便對她説，你來，我們一起做吧。我和大師姐合力把五花腩切好，雖然説來簡單，但一粒粒地切，尤其是肉皮較韌，倒也費去不少時間。做肉燥要有油葱酥，我們都不喜歡買現成的，只好自切自炸了，而火候的控制要準確，功夫更多。

上次做魚雲羹，小師妹給我買來十分爽嫩的竹筍，知道現在正當旺季，確是機不可失。印傭果真在大埔街市買到兩隻肥大的竹筍，經去皮去衣後汆水，但怎樣切呢？也曾想過切成上尖下闊的厚片，又恐怕上碟時疊在一起，被肉燥蓋住，難為攝影師，躊躇之下，把心一橫，好，切角吧！就是這麼一念之差，後悔莫及，害得我整晚難眠。其實切角是沒有甚麼大不了的，只是筍塊太大了，加入肉燥汁去燜時，難以入味，但可解決賣相的問題，讓大家看了圖片都能分清楚肉燥和筍塊。結果我們竟能失之東隅，收之桑隅，吃到脆嫩鮮甜的筍角，像吃蘋果一樣，爽、爽、爽！為了保持肉燥的台南味道，我分別用了台南西螺丸莊的螺光黑豆蔭油和螺寶蔭油清，再加上我最愛的大孖手揮頭抽，連糖也用有機黃糖，這一大鍋肉燥，充滿了油葱酥和蒜片的香，還有口不能道、濃郁甘腴的肉香和醬香，我冒險不顧一切吃了一大碗肉燥飯，吃不完的，分盒裝好放入冰格保存，等我女兒下月來時一同分享。工序雖繁，但我和大師姐卻在製作過程中，自得其樂。

肉燥燴竹筍

準備時間：切肉30分鐘，煮肉1小時

材料

五花腩肉 800克
豬頸肉 150克
油 2湯匙
竹筍 ...2隻，共重1,000克
白砂糖 1湯匙
乾葱頭 80克
蒜 4瓣
炸油 1.5杯

調味料

螺光黑豆壺底蔭油 ... 1/4杯
螺寶正蔭油 1/4杯
大孖手撻頭抽..........2湯匙
紹酒 1/2杯
有機黃糖 1/4杯
水 2.5杯
鹽 1/4茶匙

提示

1. 台灣丸莊出產多種蔭油，也有較濃稠的蔭油膏，在中環有食緣和永安公司食品部有售。
2. 台灣人煮肉燥時會下些少五香粉，可隨意加入。

肉燥也有速成版，有人用現成絞肉和袋裝油葱酥和油蒜酥，醬油也不講究，老抽生抽亂下、易如反掌，這都視乎你的要求罷了。

準備

1 五花腩洗淨，拭乾，拔去皮上可見的毛，置於工作板上，皮向下，以菜刀從小的一頭切進，把豬肉皮全部片出 ❶。從小的一頭直切成片，約3/4厘米厚，再切成方丁 ❷。豬頸肉亦切同一大小。

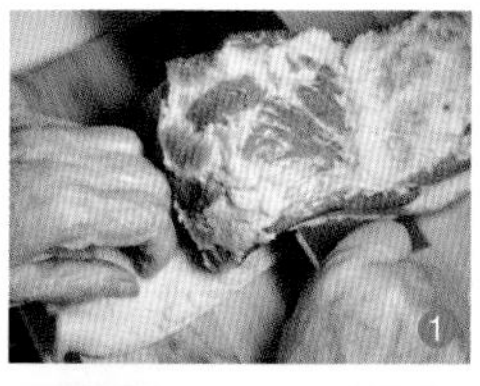

1

2

3

4

2 豬皮放在開水內煮約15分鐘至全熟 ❸，用水沖冷，先切0.5厘米寬的條子 ❹，繼切方丁。

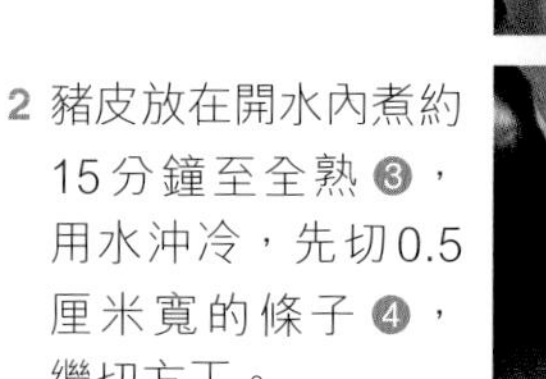

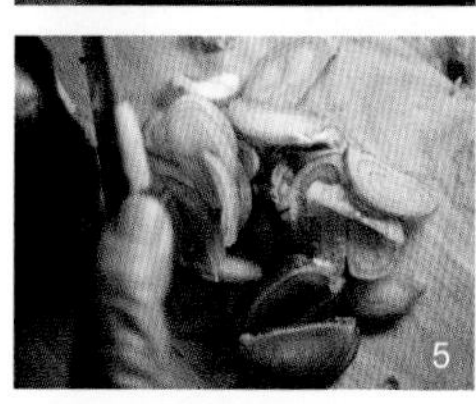

5

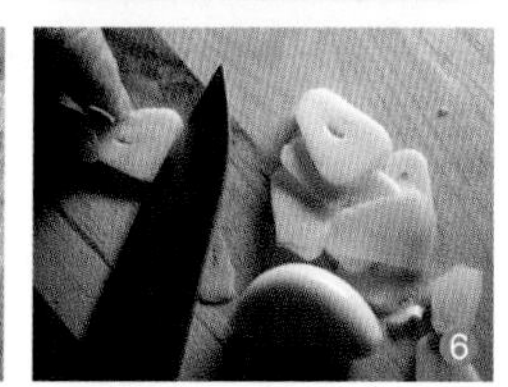

6

3 乾葱去皮後切成薄片，約2毫米厚 ❺，蒜亦切同一厚薄❻。

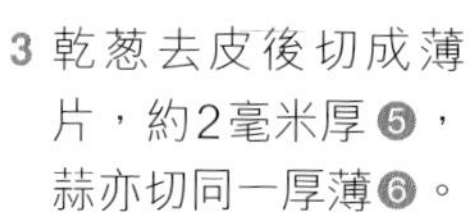

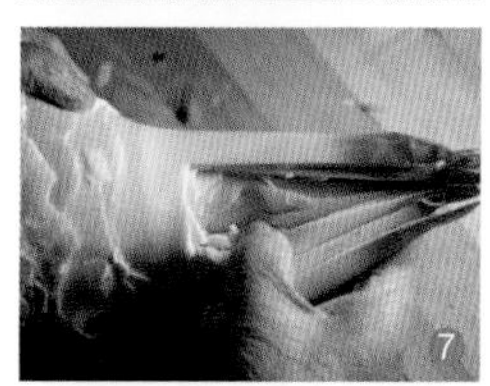

7

8

4 竹筍在筍尾切開，剝去硬殼 ❼，片去筍皮，切出頭部老硬部分，每隻直分為兩半 ❽，放入開水內，加1湯匙糖，中大火煮10分鐘 ❾，移出以水沖冷 ❿。

9

10

5 油葱酥炸法：置中式鑊在大火上，燒至鑊紅時關火，加入冷油1.5杯，以中大火燒熱油，撒下乾葱片 ⓫，改為小火，炸5分鐘，轉中火，不停鏟動至葱片分散，加大火，色呈微黃便快手鏟出瀝油 ⓬，順便在此時投入蒜片，亦炸至微黃，全部連油倒出瀝油。

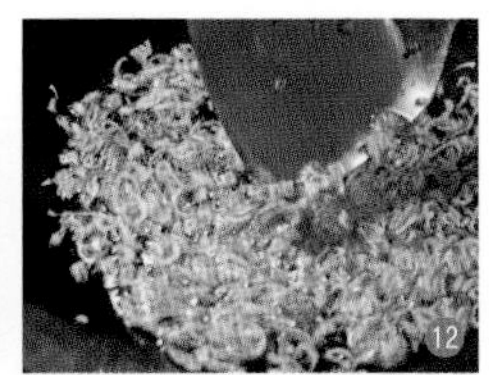

煮法

1 置中式易潔鑊於中大火上，鑊熱時下油2湯匙搪勻鑊面，加入肉碎和豬皮粒 ❶，不停鏟動至均勻後，依次加入螺光 ❷、螺寶和大孖三種醬油，一同鏟勻 ❸，再加入紹酒1/2杯 ❹，黃糖和水2.5杯 ❺，煮至汁液沸滾時加油葱酥和炸蒜片 ❻，加蓋，改為小火，煮約45分鐘。

2 肉碎應已煮至汁液起膠變稠，下些許鹽，試味，這便是肉燥。

3 是時將竹筍滾刀切成角，放在白鑊內以中火烘乾 ❼，從肉燥取汁約1/4杯，倒經疏箕隔過，加汁入竹筍內 ❽，中火煮汁液至滾，改為小火 ❾，繼續收汁至稠、全部掛在筍塊上 ❿，試鹽味，鏟出至菜盤中央，堆成小山狀，把肉燥淋在筍上和四周，便可供食。

花花世界

夜香花櫻花蝦炒蛋

夏天食用花陸續登場，夜香花最為普遍，在傳統街市已露面多時，再過兩星期便會過造了，而且在季末的，質素較差，香氣亦遜。夜香花原產南美，為攀藤植物，別名月見草，分佈於雲南、廣西、廣東、台灣等地，是以新鮮花蕾供食用的一種蔬菜。夜香花帶淡淡的幽香，味甘性平，可清肝明目，更可辟除口腔不良氣味。民間習俗，多用夜香花滾湯，或用來炒蛋，做出應時的家常菜。盛夏鮮蓮亦上市，酒家趁機推出名貴的鮮蓮冬瓜盅，撒上一把夜香花，身價頓增。

夜香花而外，薑花香遠益清，夏日放在戶內可以消暑外，還可以入饌。上世紀二十年代廣州的大酒家，筵席必有四熱葷，薑花雪梨炒鮮鮑魚片，是不可多得的名貴菜式。或不用鮑片，代以魚片、雞片、田雞片或蝦球等，都是時令菜，輝映一時。

更有不常見的玉簪花，都構成清香脫俗的花饌。連最粗生的竹葉蓮，花葉俱可食，也來佔一席位。今天在香港高等超市，有空運而來的食用小花，整籃出售，瘦身一族，撒幾朵食用小花在舶來的沙律嫩葉菜上，又算一餐。

我們小時候，可食的花不多，最受人歡迎的是饒有風味的厚瓣雞蛋花。古老人認為雞蛋花有去濕功能，用來煲茶加些黃片糖，是酷暑的最佳飲品。雞蛋花粗生，在薰風之下，時常掉得滿地，樹身又矮，不必專事採摘，把樹一搖便可以採得一籃，洗淨吸乾水分，蘸上脆漿，炸得香脆，沾上糖粉，口感獨特，味道雋永，是小食，也可作為熱葷。

深秋菊花盛放，只有大白菊可以入饌；菊花魚球粥、菊花魚雲羹、菊花鯪魚球都是大眾食品，惟獨馳名的太史蛇羹，就不能缺少幾瓣白菊花和幼似青絲的檸檬葉。昔日馳譽廣州的四大酒家名菜中，江南百花雞的伴碟便是幾瓣大白菊。

但是有些非常普遍而市上難求的花，諸如南瓜花、節瓜花都可食用。南瓜花和南瓜嫩葉，撕淨花上和葉莖的絨毛後，加少許瘦肉滾湯，清甜適口。有一年我在香港住所的露台上試種日本南瓜，瓜藤爬得遍地，可惜只有雄花而無雌花，不能結果。我那時每天都可採一大掬瓜花，再折些瓜苗，清炒或放在湯中俱宜。

日本人視櫻花如國花，一年一度只開短短的一星期，卻吸引大量國際遊客。日本人很會利用櫻花，櫻花糖、櫻花漬，都是名產。但在東京灣、相模灣和駿河灣的水域，盛產一種細小身窄的蝦，活時呈透明粉紅色，在海中大群發亮的身體很像落英繽紛的櫻花瓣，故有櫻花蝦之稱。在台灣的東港，也產櫻花蝦。近年在香港出售台灣食品的店子，都可找到這種細小美觀的櫻花蝦。

我愛下廚，更愛利用不同食材，自行配搭。既然説花了，便把夜香花和櫻花蝦混在一起炒蛋，但卻矯枉過正，用了最名貴的意大利蛋，結果因為蛋黃太紅，與櫻花蝦的顏色太相近，成品反而顯不出個別的食材，以致心中怏怏然，但入口便知分曉，確比其他的雞蛋甘美。

其實我這樣子做菜，除了教人，也得自娛。原來用料也要留心觀察，不是用最貴的便是最好，假如把意大利蛋換上美國蛋，視覺效果會全然改觀，夜香花、櫻花蝦和雞蛋的顏色都能分別清楚，好看得多了。

夜香花櫻花蝦炒蛋

準備時間：30分鐘

材料

夜香花.................. 160克
鹽....... 1/2茶匙＋水1大碗
雞蛋.......................... 5隻
油............. 2茶匙+4湯匙
鹽........................1/4茶匙
櫻花蝦乾................. 30克
葱白.......................... 2棵
薑.............................. 2片

炒這道蛋菜，有些竅門，夜香花在炒好櫻花蝦和蛋以後方好撒下，否則質感和顏色都混雜了。

準備

1 碗內加水大半滿，加鹽1/2茶匙拌勻，放入夜香花浸10分鐘❶，瀝去水分，挑出比較成熟的，摘去底部花蕊❷，只留花瓣，用廚紙吸乾❸，約得1杯。

2 葱白和薑片俱切小粒❹。

3 雞蛋逐隻打在碗內，挑去白色孕帶❺，加入鹽1/4茶匙❻和油2茶匙❼一同拂打均勻❽。

1

2

3

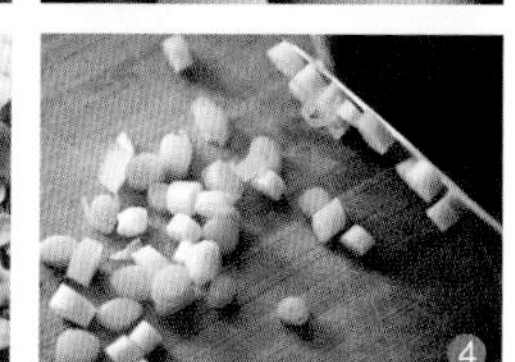
4

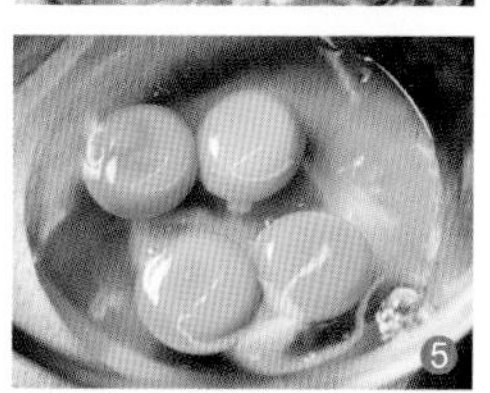
5

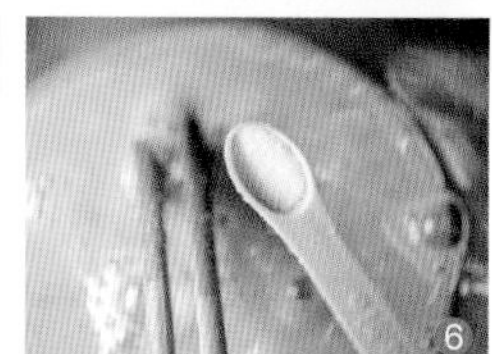
6

7

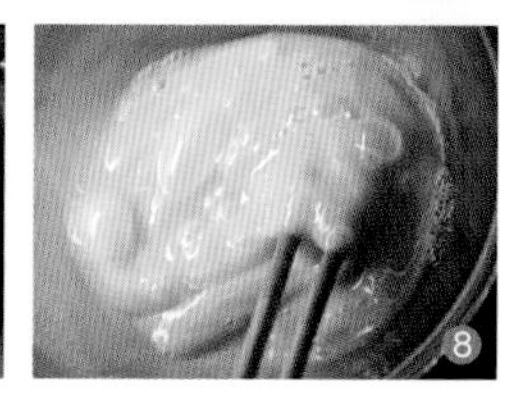
8

提示

炒蛋本來要炒得滑嫩才可口，但為衛生起見，只好炒至全熟，實是美中不足。

4 置中式易潔鑊在中大火上，鑊紅時下油1湯匙，爆香薑粒，稍炒櫻花蝦 ❾ 便移出 ❿。

5 櫻花蝦擱涼片時方可與葱白一同加入蛋液內 ⓫。

炒法

1 置中式易潔鑊於中火上，鑊紅時下油3湯匙，將蛋液全部倒下鑊內 ❶，開始鏟動，讓先凝固的部分鏟向鑊邊 ❷，未凝固的部分留在中央 ❸，如此繼續不停鏟動，直至雞蛋八成熟 ❹。

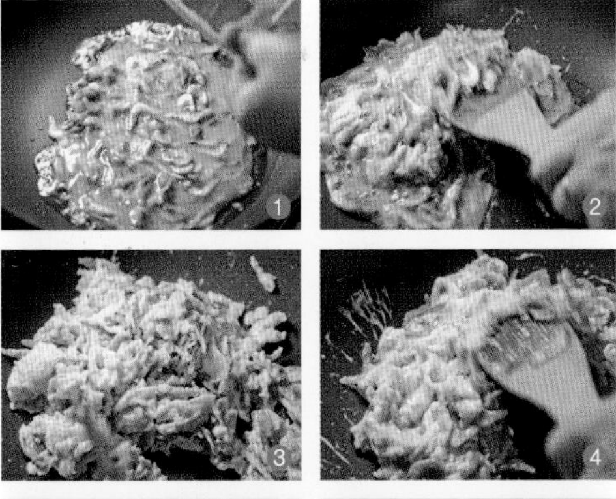

2 是時撒入夜香花 ❺，用筷箸挑散至蛋全熟夜香花分佈均勻便可上碟供食 ❻。

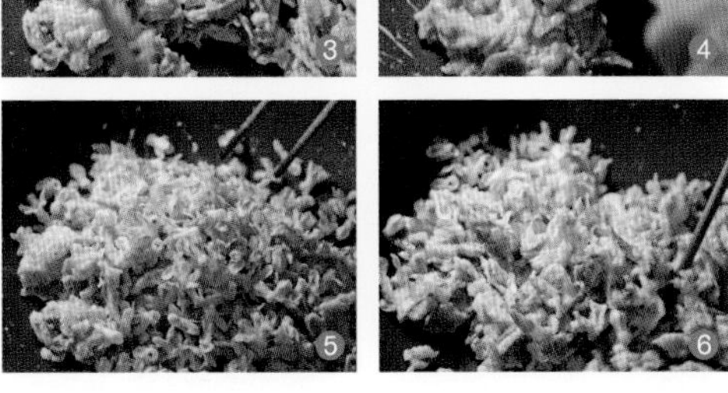

涼拌菜兩式

涼拌菜兩式

盛夏氣溫達攝氏37度，悶熱異常，蟄居在家，胃口全無，很想做些爽口清新的冷食，但苦無新意。一位香港公務員，調到北京工作已多年，每年夏天都回港度假，五年前通過萬里機構，我和她開始通信，今年我們留在香港，所以她特地來看我。傾談之下，問她北京有甚麼好吃的，想不到竟難到她了。

聽來真失望，她說以前讀到梁實秋先生和唐魯孫先生在上世紀四十年代所說的北平吃食，如今已大部分再找不到，想來想去，只有一個特別的家常小食，值得一提，她是在一家叫做「利群」的烤鴨店吃到的。她說的一道涼菜，名叫「老虎菜」，材料只有四種：京葱、青瓜、青椒和芫荽，調味料很簡單，似是鹽和麻油而已，但吃來十分適口，她認為勝在不同蔬菜的配搭，各具特色和口感，有以致之。但這麼簡單的涼拌菜，竟有老虎之名，是何原故？翻查網上，據說有三個來歷：(1)軍閥張作霖，甚嗜此菜，而張又外號「東北之虎」，故以此為名；(2)此菜奇辣，凌厲如虎，因有人在食譜內加入大量辣油之故；(3)一戶東北人家娶了新媳婦，婆婆想試她的手勢，她便胡亂將蔬菜混在一起，婆婆吃了大嘆，「媳婦，你可真虎啊！」(東北人說人傻便是虎。)讀者不必根究源流，聽聽故事也會覺開心。廣東人沒有擺得滿桌都是小碟涼菜的習慣，尤其是火辣如張牙舞爪的老虎，更會提心吊膽。因為得到北京讀者的特別推介，我才放膽去做，這版本只能稱為「小虎菜」，辣油下得極少，但已超過一般廣東人的極限了。

適菁雲的黃詩鍵派人送來雲南菌季新造的各種野菌，並有福建培植的鮮蟲草花。平日我只用乾蟲草花燒湯，這次別開生面用鮮品來做涼菜，加入萵苣筍絲和白蘿蔔絲，三色蔬拌在一起，主要的調味料是上等魚露。每種蔬菜咬勁都不同，頗具新意，惜蟲草花脆中帶韌，雖有其餘兩種蔬菜調劑，但幫助不大。這次我做的涼菜是純素的，比較清爽。諸如黃豆芽、綠豆芽、菠菜、海帶、甚至野生黑木耳都是可用之材，涼瓜和絲瓜也可以隨時派上用場。

涼拌皮蛋豆腐是台灣人的至愛，在city'super內的博多屋，每日新鮮製造的絹豆腐和黑胡麻豆腐，風味雋永，值得你專程走一趟。只要皮蛋買對了，怎樣去調校自己的心水醬汁，更是戲法人人會變，巧妙各有不同。十分羨慕韓國人早餐桌上五光十色的涼菜，大部分香港人都趕着出門上班，沒能好整以暇地逐樣欣賞。因為得到北京讀者的啟發而拌了兩道涼菜，也算是額外的收穫。

涼拌菜兩式

下辣椒油時要按個別人士的承受度而定多少，食譜上的只是建議分量，不是標準。如無蟲草花可代以紅蘿蔔，也有三色的效果。

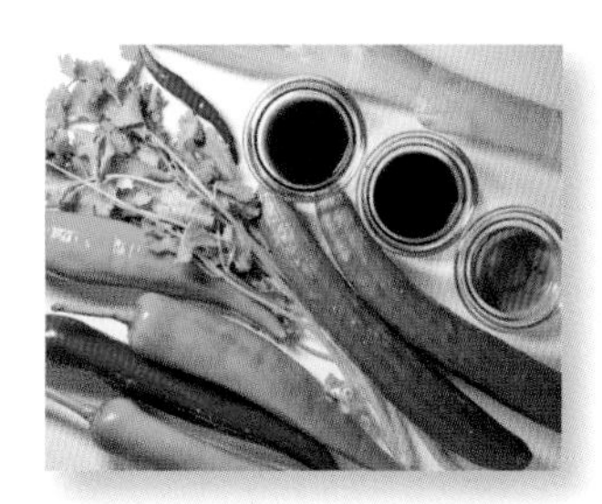

材料

小青瓜……2條
京葱……1條
青椒……3隻
長紅椒……1隻
小紅椒……1隻
芫荽……2棵

調味料

鹽……1/2茶匙
麻油……2茶匙
頂上頭抽……2茶匙
山西陳醋……4茶匙
糖……1茶匙
紅辣椒油……（隨意）

涼拌老虎菜

準備時間：30分鐘

做法

1 小青瓜切6厘米長段❶，改去有籽的部分，切成4毫米寬的幼絲❷。

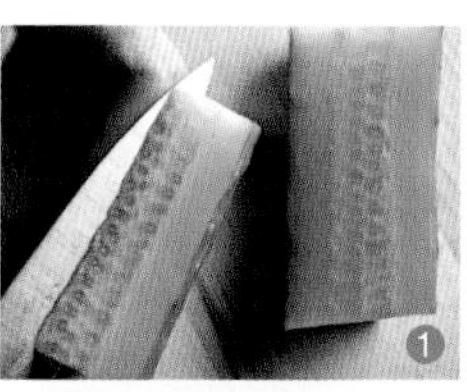

2 京葱切5厘米長段❸，每段切幼絲❹，愈幼愈好。

3 青椒去籽，先切4厘米長段❺，後切幼絲❻。

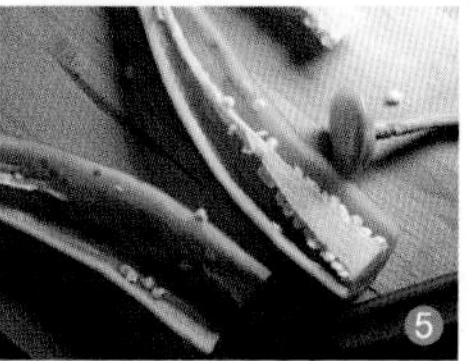

4 小紅椒、長紅椒切幼絲，芫荽切5厘米長段。

5 將切備材料放在大碗內，先加入陳醋❼和頭抽，再下麻油❽，繼下鹽和糖❾，一同拌勻❿。

6 最後酌加辣椒油，隨人口味，拌勻便可上碟。

提示

1. 辣椒油可隨人口味，從1/4茶匙至1茶匙的分量，太多便過辣了。
2. 新鮮蟲草花在傳統街市的菜檔有售，極為普遍。

涼拌三色蟲草花

準備時間：30分鐘

做法

1 萵苣筍取幼嫩部分，刨去外皮❶，剝去頂部嫩葉，分切6厘米長段，盡量片去粗筋❷，繼切4毫米寬的幼絲❸，放在開水內汆片時，撈出浸在冷開水內❹。用前瀝水，以廚紙吸乾多餘水分。

2 白蘿蔔先切4厘米厚片，然後斜切成4厘米幼絲❺，用鹽1/2茶匙拌勻❻，稍擱後放在碗中，加開水浸過面❼，用前擠出多餘水分❽。

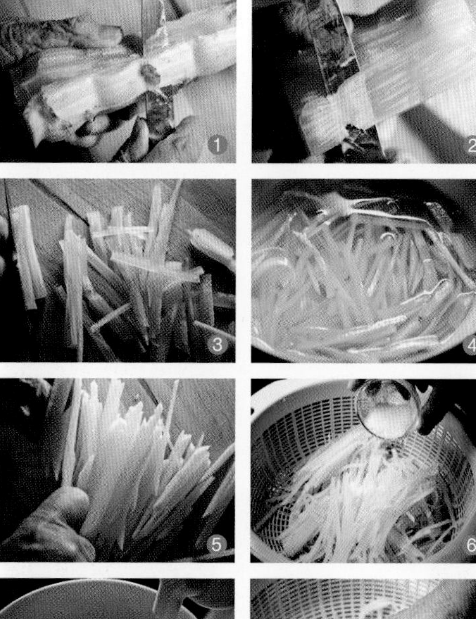

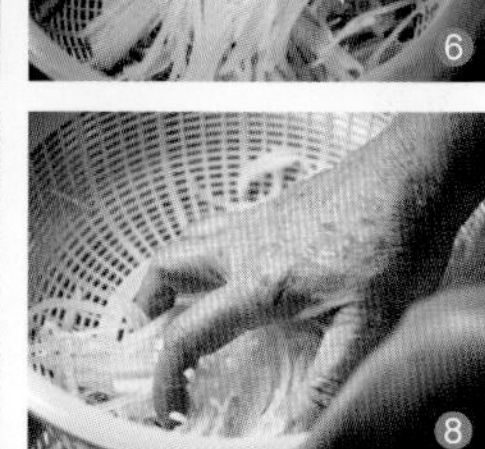

3 蟲草花摘去菌腳❾，洗淨後亦汆水，浸在冷開水內❿，繼瀝水。

4 蘿蔔絲、蟲草花同放在碗內⓫，加入糖、鹽和些許胡椒粉，方下頭抽、魚露、麻油，拌勻後方可加入萵苣筍再一同拌勻⓬，試味後方可上碟。

材料

新鮮蟲草花........... 150克
白蘿蔔.................. 250克
鹽........................1/2茶匙
萵苣筍...1條，修淨得150克

調味料

麻油 2茶匙
糖...........................1茶匙
頭抽 1茶匙
上等魚露 1湯匙
鹽、胡椒粉...........各少許

素的肉？

酸甜素咕嚕肉

很多食譜上都有「素肉」這一項。既然説是素了，怎麼還會有「肉」？

持淨素的人，心口合一，不會以素充肉。但世俗的人，明明用豆腐皮做成的食品，也要稱之為素雞，素鴨、或素鵝，反而你説要買腐皮紮，可能會走遍天涯無覓處，大失所望。麵製素食材中，以麵筋為主，不乏素排骨、素肉、素蹄之類。其他如素魚、素蝦、素鱔等等，層出不窮，撲朔迷離，總之吃素的時候心中仍然想着吃肉的人，比比皆是。豬牛羊、魚蝦蟹都有素的。香港少數的「齋舖」都以葷名掛帥，可見一般人的心理，口中吃着素食，心中便當是肉，以慰饞思，誠意則欠奉了。先祖父晚年篤信密宗，持齋禮佛，家有喜事，俱為素筵，菜單上都是依料直説，不會裝成葷饌。我最記得炒素翅是銀針炒鮮腐竹，素肉丸是芙蓉丸子，素魚則是煎芋餅，素蝦便是蜜汁核桃。甚至有友儕來與他談論書法，連「墨豬」兩字也避而不提。

三十年前，我曾大力向美國學生推薦豆品、麵麩和藻類食物，但要打破不同文化的飲食觀念並不容易。但時移世易，今日豆品在一般美國超市中，品類繁多，已成經常供應的食物，連印尼人喜愛的發酵豆餅(tempeh)也唾手可得。在亞裔開設的超市，豆品的種類更如恆河沙數，任客人隨意選擇。我家附近便有一家素食專門店，除了多種帶葷名的素食外，還有一盤盤已燒好的即食素菜。

在清淨佛門之地，沒有以素充肉這回事；志蓮淨苑的菜單絕不用葷名。但在香港的傳統街市，豆品的包裝都印上葷的名字。事實上用腐皮包紮成為一卷的，不稱腐竹卷而叫素雞，摺疊成一排的是素鴨或素鵝。冷凍食品店內更有來自四方八面的素肉排、素腸、素甚麼的，洋洋大觀。在美國更弔詭，竟然有素漢堡肉這東西，而且大行其道。豆品營養豐富，人所共知。從一粒豆子做起，豆漿、豆腐花、滑豆腐、硬豆腐、布包豆腐、豆腐乾、五香豆乾以至腐衣、腐竹，從腐竹又可演變為帶有葷名的種種素肉、素禽肉和素海產。中國人仿肉素食的種類堪稱全世界之冠。我不免隨俗，也用素雞素肉的名堂。家常素菜中加一條素雞，盡吸菌類的鮮味。有時蒸好一碗冬菇，與素雞同焖，適口怡人，而且還可登大雅之堂，不比其他珍貴菜式遜色。素雞可以切片、切絲、切塊，形狀不一，以配搭不同的菜饌。

某日傭人買了一個大菠蘿回來，整個房子立時濃香撲鼻，當天適值攝影師來到，我心血來潮，便決定用素雞做個素甜酸肉了。這麼從素的雞變成素的肉，可謂荒謬絕倫，因為要仿肉扮得似模似樣，便想到把素雞塊的外皮炸得香脆，製造出肉的口感。但要皮脆，便要上粉，加入雞蛋，粉便能黏上。説到雞蛋是否素食，就要看持素的人是否是淨素者或半素者了；而且也看你生活在甚麼地方。因為以宗教原因而持素的，多半不會吃雞蛋和奶品，為健康原因而持素的，不會迴避蛋品和奶品，偶一食素的人吃蛋品甚至奶品，更無所謂了。持淨素的人都戒五辛；葱、大蒜、蕎、韭、和洋葱，但薑不算在內。不吃蒜的人，我做這道甜酸肉，葷素參半，連蛋也不吃的淨素者，素雞塊更可完全不上粉，直接下油鑊，芡汁用素上湯，便沒有吃不吃蛋的問題了。

酸甜素咕嚕肉

準備時間：25分鐘

材料

素雞 3條
生粉 1/4杯
雞蛋 1個
炸油 2杯
洋葱 1/2個
紅、黃、青色甜椒 ...各1/2個
鹽 1/4茶匙
鮮菠蘿塊 1杯
蒜 ....1瓣，切片
麻油 1茶匙

甜酸汁料

雞湯 1/2杯
鎮江醋....................2湯匙
黃糖 3湯匙
茄汁 2湯匙
老抽 1/2茶匙
鹽 1/4茶匙

芡汁料

生粉 1茶匙
水 3湯匙

素咕嚕肉不一定要用素雞，水發麵筋或油炸麵筋都適用。菠蘿也可用罐頭的，但及不上熟透的新鮮菠蘿香甜。

準備

1 三色椒、洋葱切塊，約(3 x 2.5)厘米大小❶。

2 新鮮菠蘿去皮，割去菠蘿釘，切出硬芯，放在淡鹽開水內浸10分鐘，再切成約3厘米的方塊❷，只需1杯。

3 素雞滾刀切塊❸，放入已置有生粉的塑料袋內❹，執穩袋口，用手搖勻袋內之生粉和素雞塊❺，使生粉沾上❻。

4 移出素雞塊至疏箕內，拍去多餘乾粉❼，放在碗內，加入蛋液❽，用手拌勻❾。

5 每塊素雞撲上生粉待炸❿。

炸法

1 置中式鑊於中大火上，鑊紅時下油2杯，燒至油溫約為180℃時，逐塊放下素雞❶，炸至外皮變硬便移出。

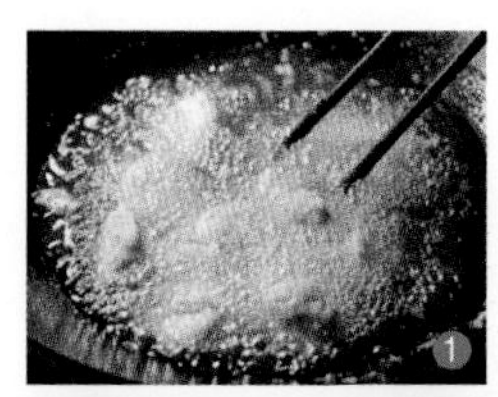

2 關火，清除沉積在鑊底之粉渣，繼續升高油溫，將已炸過一次的素雞全部放回熱油內❷，炸至皮脆，色呈金黃便可倒鋼疏箕內瀝油❸。

成菜方法

1 揩淨鑊，置於中大火上，從熱油中取出約2茶匙，加入鑊內，先後加入洋葱、黃、青、紅椒塊❶，下少許鹽，最後放下菠蘿塊❷，炒約2分鐘，鏟出至碟上。

2 再取熱油1茶匙放在鑊內，加入蒜片爆香❸，倒下雞湯，煮至湯滾時加進茄汁、鎮江醋、老抽、黃糖和些許鹽❹，勾芡❺，將全部素雞放進酸甜汁內❻，小火煮3分鐘，鏟勻後加入三色椒和菠蘿❼，再鏟勻，下麻油亮芡，再炒勻便可供食❽。

3 是時素雞看似肉塊，外皮酥脆，最宜下飯。

又是「禁食」時節

印尼雞湯

外子退休後從美國再回香港中文大學教通識教育課，轉眼十二年。自從菲傭在美國我家偷走後，改僱印傭蘭美，算來已有四年了。蘭美乖巧，善察老人家心意，又跟我學得一身好功夫，家中事無大小，由她來照顧，像是一家人。

大部分的印傭都是虔誠的回教徒，每年有一個月是回教徒的禁食節，從早上太陽未出，起床膜拜後飲水進食，一直要到太陽下山方能再飲水食飯。一天這麼長，天氣炎熱，在市內各個清真寺，不同種族的回教徒匍匐在地，誠心膜拜，很容易招惹地上的細菌，加以不能喝水，不斷流汗，在我看來，很不衛生，但這是他人的宗教教條，那有甚麼話好說。

去年禁食節後，蘭美生了一場大病，纏綿近一月；我一時找不到替工，無人燒飯，累得關心我的朋友和學生紛紛送食物上門，才能勉強維持。今年的禁食節是由八月一日至八月三十一日，鑒於去年的經驗，我提心吊膽的程度，真是不言而喻。

我們星期天常到天機的老同學黃景文家打橋牌，他是印尼老華僑，定居印尼已六十多年，雖然現在分住廣州、香港和印尼三地，但平日飲食都是傳統印尼方式。在黃家吃飯，常有一味印尼雞湯(Soto Ayam)，是我最喜愛的。雞湯內有很複雜而微妙的混合香料味，還有炸香的雞絲，椰菜絲和粉絲，泡在白飯內同吃。因為要加白飯，所以比較鹹，但擠下一角酸柑汁，頓時把味道提升到另一境界。「吃」這樣一碗雞湯，真令人有心曠神怡，暑氣全消之感。

我希望能讓蘭美在禁食期間能吃得好一點，便做些印尼口味的菜式。印尼食制重煎炸，而我一向吃得清淡，很難遷就她。我若要仿效，只好減去炸或煎香的工序。像以前做過的印尼薯餅，按照印尼做法，馬鈴薯要先炸過才搽碎；結果我也改為不炸，以求清淡。若說到印尼雞湯，雞絲要不要炸過，便成了我最大的考慮。

我從來沒有對印尼飲食作過研究，只因在黃家接觸得多了，稍懂皮毛，家常飯餐也不會刻意讓蘭美燒印尼菜。我見近來天氣實在太過酷熱，胃口不爽，自然而然想起印尼雞湯，便着蘭美買齊所有香料和材料，由她一步一步完成，攝影師則亦步亦趨，把整個過程拍下來，我的工作只是記錄而已。

我寫食譜，一向親力親為，每一道菜都奉上自己的愛心，雖然不一定完全滿意，也可以說問心無愧。我這碗印尼雞湯，由蘭美來做，純屬即興，口味也近乎清淡，有點班門弄斧。香港有這麼多東南亞的僑民，每一族裔都有他們不同的雞湯，像蘭美說，印尼雞湯人人會做，處處有得賣，單是在香港，銅鑼灣的跟北角的可以很不同，只要合你自己的口味，便不必顧慮到怎樣才是正宗了。

印尼雞湯所用多種香料，要經過攪碎、隔過、炒香，手續頗繁，平日家中沒有這些香料，要到東南亞雜貨店採購，每種買一些，已很花費，加上一隻雞，成本不菲。做這道湯，除了換換口味，最重要的還是能欣賞整個過程，全心投入，放懷食用，這也是下廚人的高等享受呀！

印尼雞湯

準備時間：（連燒雞湯）1小時30分鐘

因為工序繁多，值得提升材料品質。我不贊成用冰鮮雞，也不建議用罐頭雞湯，要做得味道好，請不要節省買鮮活雞的錢。

材料

新鮮嘉美雞……1隻
油……2湯匙
乾葱頭……2粒
椰菜絲……2杯
粉絲……1紮
熟雞蛋……2隻
酸柑……2個

香料

芫荽籽……1茶匙
白胡椒粒……1茶匙
草果……1粒
石栗……4粒
酸柑葉……4片
乾葱……3粒
蒜頭……3瓣
青葱……2棵
唐芹菜……1棵
生薑……30克
黃薑……1塊（約5厘米長）
南薑……1塊（約7厘米長，拍扁）
香茅……2支（拍扁）
鹽……1¼茶匙（或多些）

準備

1 雞洗淨內外，切去雞頭雞尾，撕去可見脂肪❶。

2 4公升湯鍋內加水七成滿，置於大火上，投下生薑2片❷，加雞入滾湯中❸，煮至定形便虛掩加蓋，改為小火，煮約1小時，移雞出鍋候冷❹。

3 雞去皮後把肉拆出來❺，撕成小塊，留用❻。雞骨放回湯內再煮1/2小時，揀出湯內的骨頭，雞塊撕成幼絲❼，撇去雞湯面上的浮油。

4 粉絲浸軟氽水❽，椰菜切0.2厘米寬幼絲，唐芹菜只用葉的部分，切5厘米長，葱切粒❾。拍扁南薑和香茅❿。

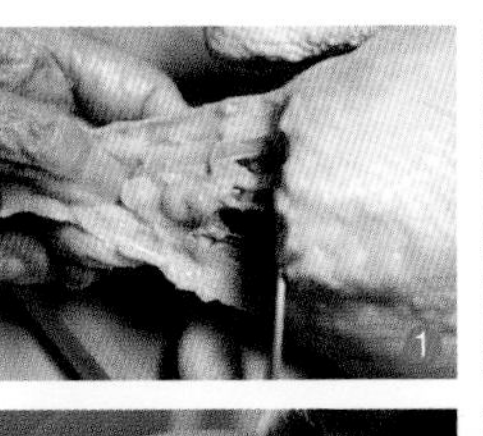
1

2

3

4

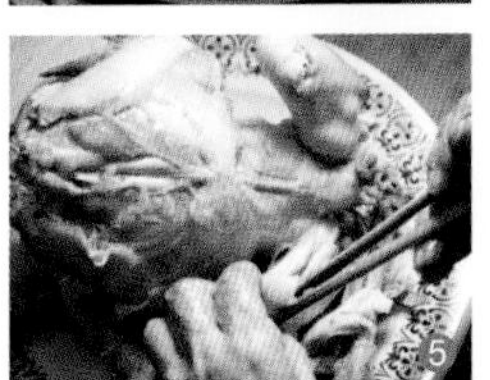
5

6

7

8

9

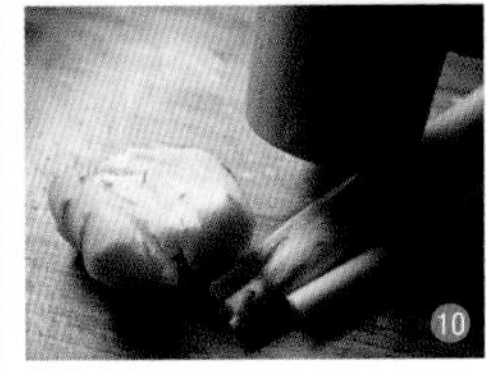
10

5 乾葱2粒切幼絲，以2湯匙油中火炒至半透明，再用小火慢炒成脆香葱⓫。移出。加入石栗炒至微黃，下芫荽籽、胡椒粒、草果、去皮黃薑同炒⓬，鑊出。

6 同一鑊內用餘油炒生薑、3粒拍扁乾葱和3瓣蒜頭，鑊出。

7 將處理過的石栗、芫荽籽、胡椒粒、草果、去皮黃薑全放進攪拌機內⓭，加水約1/3杯，打至香料細碎方加入生薑、蒜瓣和乾葱同打成香料漿，倒出隔過⓮，分為香料汁和香料糊⓯⓰。

8 鑊內倒下香料糊⓱，小火炒至起泡，加入酸柑葉、拍扁南薑塊同煮至乾身⓲。

9 揀出酸柑葉和南薑塊，下油1湯匙，加香料糊入雞湯內⓳，再下香料汁、芹菜和青葱粒⓴，下鹽調味。

供食

個別碗內分置粉絲、椰菜絲、雞絲、芹菜、青葱粒和熟蛋半隻❶，倒下大滾的湯❷，上撒脆香葱，放上切成一角的酸柑，伴白飯供食。

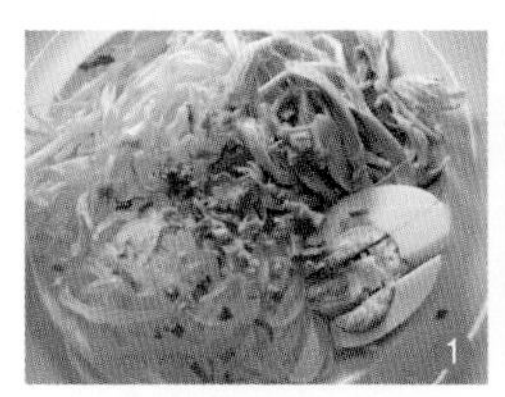

捕捉時令

莧菜魚茸豆腐羹

自從溫室種植普遍以後，許多不當造的蔬菜終年都可以在市上買到，雖然一大部分蔬菜是外來的，但在新界仍有農民努力在僅有的小塊農地上耕耘，供給我們應時美味的蔬菜，讓我們仍可獲得及時享受的欣喜。

當正時令的蔬菜，無論在質感或味道上都在高峰期，自比過了時的好得多，尤其一些夏天的瓜菜，風味奇佳，我們不應輕易錯過。其中最及時的要算是莧菜了。

莧菜是夏天的蔬菜、一交初夏便登場，新出的時候最嫩，可以用大量的蒜茸來炒，入口像吃一箸麵。再簡單一點，把菜放在沸水內，加些油鹽糖和幾塊拍扁了的蒜，燒水至再沸便可撈出供食。

但我最愛用莧菜做羹，先師特級校對在他的《食經》內有篇「莧菜豆腐羹」的文章，可惜十年前當我寫成食譜時，夏天早過，只好以西洋菜代莧菜，效果較遜，最近再讀這食譜，正值莧菜新上市，便重做一遍了。

《食經》如是說：「莧菜豆腐羹」是夏令菜，也是味清而廉的家常菜式。作料是：莧菜、鯇魚肉、水豆腐。做法是先將莧菜洗淨，以砂盆盛之，擂之成茸。鯇魚蒸熟，去骨留肉，用蒜頭起紅鑊，爆至夠香，蒜頭棄去，傾下魚肉，兜匀，再加進莧菜茸，再炒一遍，最後加進水豆腐、鹽兜匀，一滾即成，上碗後加古月粉少許。若加進火腿同滾，味道更佳。

我加的改動是湯底用生粉稠結，莧菜切幼絲，粗剁數過。豆腐用文思豆腐的切法，切成約4厘米的條子，湯底是雞清湯，其餘作料和做法照足食譜，效果竟有說不出的驚喜，為此開心了一陣子，但起程赴美國在即，只好忍着不再做。

這些年來，讓譚強寵壞了我，時常贈我他飼養的優質鯇魚，鮮美而不帶絲毫泥味，現在他已完全放棄養魚，要我買街市的鯇魚，心中實在十分不情願，但也別無他法，況且這是先師指定的主要作料，不能擅自更改，只好遷就了。

我認為先師的做法不無缺點，湯的鮮味全靠一塊鯇魚腩，起碼我們在湯底上應下點工夫；弄個雞清湯或用無味精的罐頭雞湯，這樣加進水豆腐之後不致把菜羹稀釋。雖然先師標榜「味清而廉」，但味道總不能太寡淡呀！

至於豆腐，這麼加進去攪爛，也有問題，整鍋羹湯變得水汪汪了。原來已是清的湯，加了水豆腐更清淡，為了豆腐好吃又好看，我剛在電視上看到某大廚表演文思豆腐切法，我忍不着手也班門弄斧起來。當然我求的不是正宗幼如髮絲的文思豆腐，我要的只是菜茸羹內可以見到的豆腐絲而已。

適讀唯靈專欄講及他家鄉順德的魚茸羹，思我們南海人亦素喜以鯇魚茸作羹，或者把鯇魚拆肉成茸放入粥內，再加些青菜便成佳品，實不讓順德人專美於前也。

我每星期寫一個食譜，習以為常已近十年，多時是為了個人興趣，不是為了依時交卷，像成功做了這個莧菜羹，我心中的滿足感實不能言喻。好食譜不易求，能令自己開心而又希望讀者可以欣賞的機會不容錯過，真希望有人試了給我回應，我一定會十分高興的。

莧菜魚茸豆腐羹

準備時間：40分鐘

莧菜一定要挑新登場、幼嫩的才合格，否則葉老了失去滑溜的口感，那就費時失事了。菜茸羹也可用菠菜、椒葉或茼蒿，視季節而定。

材料

鯇魚腩 300克
生薑 2片，切幼絲
鹽 1/4茶匙
油 1茶匙
嫩莧菜 600克
油 2湯匙
蒜 1瓣、拍扁
雞湯 2杯＋水1.5杯
生粉 3湯匙＋水1/2杯
滑豆腐 1/2塊
火腿茸 2滿湯匙
鹽 1/2茶匙(或多些)

魚肉調味料

胡椒粉 1/8茶匙
生抽 2茶匙
糖 少許
麻油 1茶匙

準備

1 莧菜只用葉，用手撕葉離莖，洗淨，放入一大鍋沸水內❶，大火煮至水再開時便倒入疏箕內，以水沖冷❷。擠乾菜葉水分，集成一塊❸，先切4厘米粗條❹，再橫切成小丁，粗剁數遍，留用。

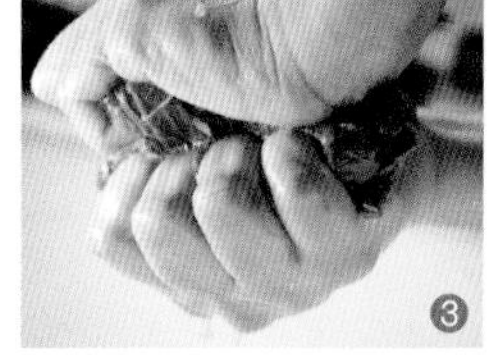

2 鯇魚腩撕去黑色的膜❺和清除骨間的積血❻，沖淨後放在碟上，以鹽1/4茶匙擦勻，加入薑絲在面上❼，下油1茶匙，上鑊大火蒸7分鐘，稍擱涼後去骨拆肉，放在碗內，下調味料同拌勻。

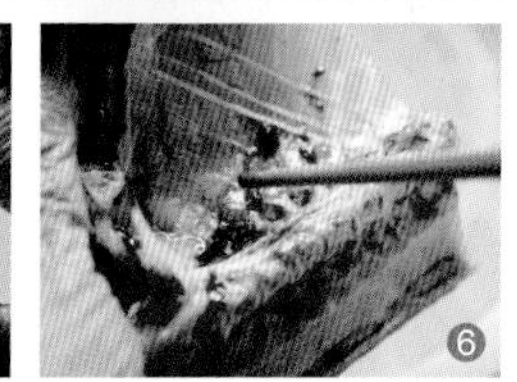

3 滑豆腐一盒只用半塊，放在工作板上，改去有格的外層，橫分其餘為兩片❽，先放一片在近身處，自右至左用直刀切成約3厘米的幼絲❾，加些水在豆腐上，從左向右斜推，產生似骨牌效應，成多級梯形❿，再從右向左直切下豆腐，邊切豆腐邊加水在上，以免黏在刀上。每切完一份便用菜刀移到一大碗清水內，便見豆腐絲在水中分散⓫。

菜茸羹煮法

1 中式易潔鑊置於中大火上，鑊熱時下油2湯匙，爆香蒜瓣後夾出棄去❶，將鯇魚茸倒下油內炒勻❷，加入莧菜茸同炒❸，跟着下火腿茸(留下些許作裝飾)❹，再加雞湯❺和水，煮至湯滾❻。

2 調好生粉芡，吊下湯內❼，不停攪拌至湯稠，下鹽，試味。是時將豆腐絲瀝水❽，輕輕加入稠湯內拌勻，使豆腐絲能平均分佈❾，上碗後撒少許火腿茸作裝飾，趁熱供食。

「薏」亂情迷

薏米野菌飯

歐西膳食模式與我們中國人最大不同的地方是分食和共食。歐西人以大塊肉為主食，其他的算做「旁食 sides」。進食時從大塊肉分切至盤子上，也從多樣的旁食中選擇個人喜好的。所以每頓飯的主食聚焦在一種肉類或海產，加上兩三種旁食就是了。

中國人以米飯為主食，菜餚是副食，而且是菜多肉少。一家人聚在一起，分享不同的菜式，每餐有不同種類的食材配搭，因此在一餐之內便可達到均衡營養的目的。

今夏我回美國度假，抵埗當晚女兒在家中為我和兩個外孫同慶生日，順便慶祝父親節；四代歡聚一堂，是每年的盛事。女婿在後園燒了一大塊牛肋排和幾塊厚西冷排，我女兒則準備不同種類的旁食。孫兒們胃口大，如久旱望甘霖，風捲殘雲般盡情享受，我看見他們吃得開心，也每樣都淺嘗了。

旁食中有一道野菌薏米飯，是女兒特為我加意炮製的。她早一天便開車到五十英哩以外近栢克萊的一家精品超市，買備多種野菌，她知我最不喜歡半生不熟的意大利飯，別出心裁改用洋薏米，以乾的牛肝菌和乾葱頭先把浸好的薏米炒香，加入浸菌的汁和雞湯，慢火煮成薏米飯，加上歐西人認為是三大珍菌的鮮牛肝菌、鮮黃菌和鮮羊肚菌，和一種我們罕見的羊腳菌(blewit)。雖然中醫叮嚀囑咐我不可吃「濕毒」的菌類，但在融洽和樂的熱鬧氣氛下，我也開戒了。

洋薏米吸透了乾牛肝菌的香氣，加入雞湯同煮至軟，口感很軟糯，要仔細咀嚼。野菌正當時造，牛肝菌滑溜芬芳，黃菌充滿杏香，只可惜當時的鮮羊肚菌遠不及乾的品種，咬下去似木屑，而且香味全無，誠美中不足。節外生枝的羊腳菌，也只有爽脆的質感而缺乏鮮味。

最近因有人吃了野菌引起屙嘔腹瀉現象，要入院留醫。食物安全中心到供應商取樣本去檢驗，還未出報告便即遭報章指名揭發，累得供應商要在各高級超市落架，而店中存貨數十公斤的野菌亦一起報銷淨盡。我是識菌愛菌之癡人，花了多年時間寫成《情迷野菌香》和《培養菌佳饌》兩本書，對野菌的用法詳加解說，並附入食譜，極力提倡食菌。面對這種不負責任的新聞報道，深感無奈。

香港食物安全中心，平日只關注海產、肉類和蔬菜的檢驗，況且香港的食材，大部分靠進口，際茲食物標籤制度尚未確立，每天進口的食材繁多，而檢驗資源短絀，常引起市民對有毒食物的恐慌。這次傳有毒菌流通在市面，也是未臻完善的制度下產生的不必要的憂慮。

對野菌有信心的人，當然不會因噎廢食。適小輩劉晉要到粉嶺吃飯，黃氏姊弟託他帶來野菌一大包，我便決定做女兒的薏米野菌飯，不因風吹草動而生戒心，也表示我對野菌不離不棄的愛好和支持。

女兒選用洋薏米，取其口感軟糯滑溜。洋薏米是漢唐時代日本從中國移種培植，後來荷蘭再從日本移種到歐洲生產，故稱洋薏米。洋薏米味甘、性寒，有生津解渴之功，以之煮各式糖水，每家有不同的配方。就算只加些西檸檬皮和檸檬汁同煮，在炎炎夏日，可清熱止瀉，我在家經常煮備一大鍋，存在冰箱內，隨時飲用。至於中式的生、熟薏米多用作食療，因未經輾磨，帶有硬皮，只宜煲薏米水之用。

薏米野菌飯

準備時間：30分鐘（浸薏米時間不計）

材料

美味牛肝菌............ 150克
紅牛肝菌............... 100克
黃菌........................ 60克
乾羊肚菌................ 20克
老人頭菌............... 200克
油.............. 2湯匙+5茶匙
紅葱頭.............2顆，切碎
洋薏米................... 150克
乾牛肝菌................. 15克
雞湯............ 1杯 + 水1杯
鹽......1¼茶匙（分數次用）
白醋....................1/4茶匙
蒜頭................1瓣，拍碎

提示

1. 野菌本身有獨特的香味和質感，不需多加調味料，下些許鹽已足夠，蒜瓣只是用以去野菌的泥土氣味的。
2. 牛肝菌加些白醋是要保持野菌的原色。
3. 薏米飯應與野菌拌勻供食，圖片的安排只為食前的賣相。
4. 這個食譜提及的野菌，在Sogo、city'super、蘇杭街聯記號有售。

我採用了牛肝菌、黃菌、羊肚菌三大珍菌，因無鮮羊肚菌，改代以乾羊肚菌，比新鮮的香味更加濃郁。

準備

1 薏米放大碗內，加滿水❶，浸4小時，倒入疏箕內，以水沖去澱粉❷，瀝去水分留用。

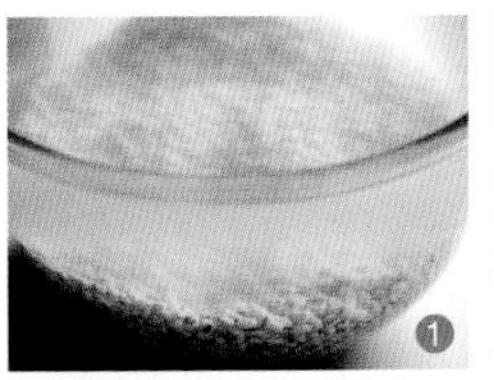
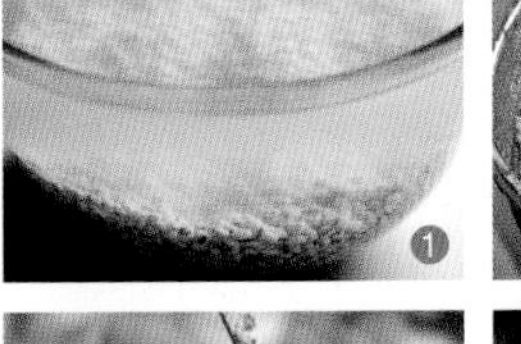

2 黃菌去蒂，以小刀刮去菌柄上外皮❸，用小掃掃去雜質，再掃菌傘，剪去菌傘邊沿枯乾部分❹。

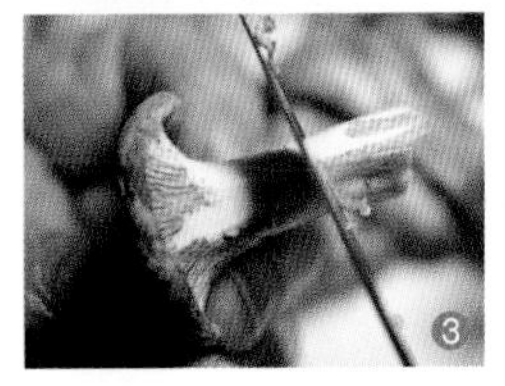
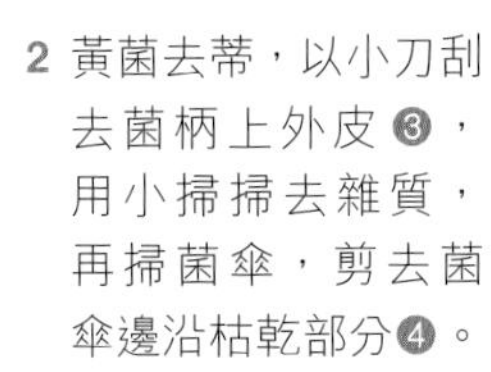
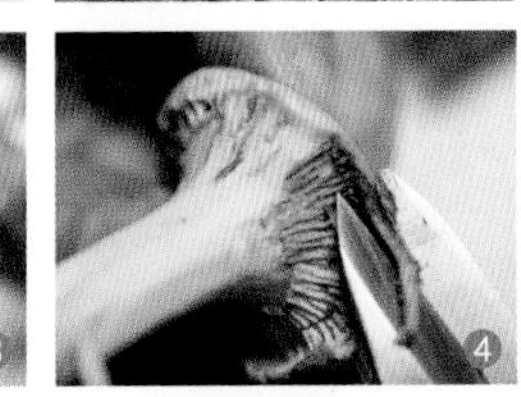

3 牛肝菌切去菌柄末端約2厘米，以小刀刮去菌外皮❺，修去菌傘上乾皺斑點❻，以濕廚紙揩淨菌傘外內，切4厘米厚片❼。（如切開菌柄時見到有黑色斑點❽，即表示有蟲，應棄去。）

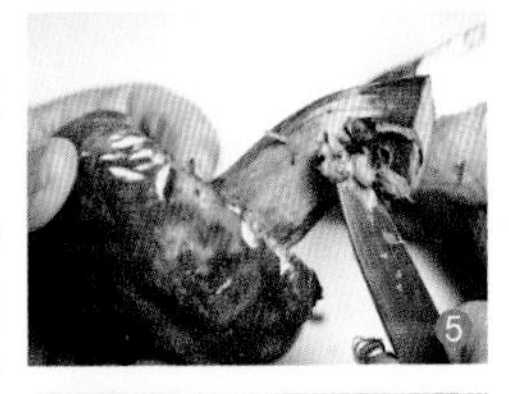
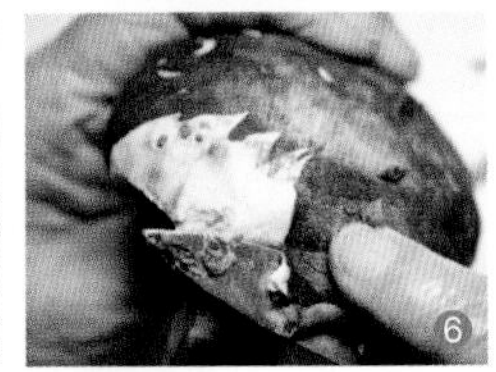
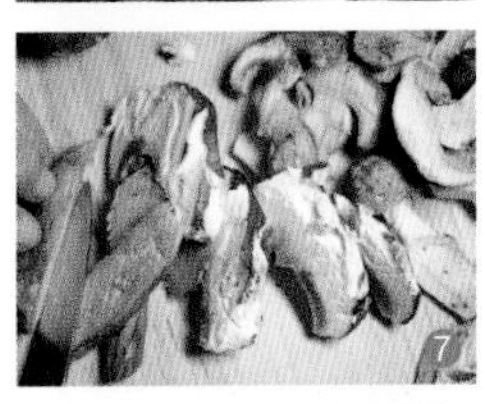

4 以暖水1杯浸發乾牛肝菌，在水下沖淨❾，先切0.3厘米寬條，再切小丁❿，浸菌汁留用。

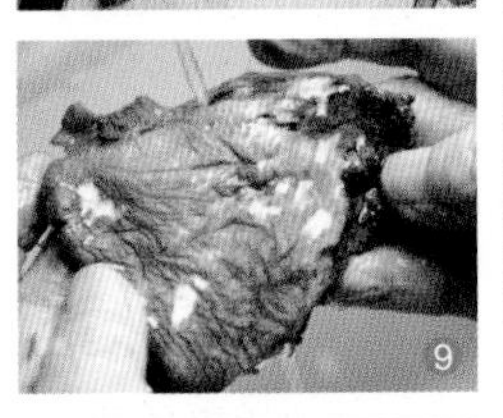

5 乾羊肚菌以水1杯浸發至飽和，從中剪開，在水下沖淨內外⓫，浸菌汁留用。

6 老人頭菌以小刀將外皮修淨⓬，切0.4厘米厚塊。（若切開見有條狀棕色細絲⓭，即是有蟲，應棄去。）

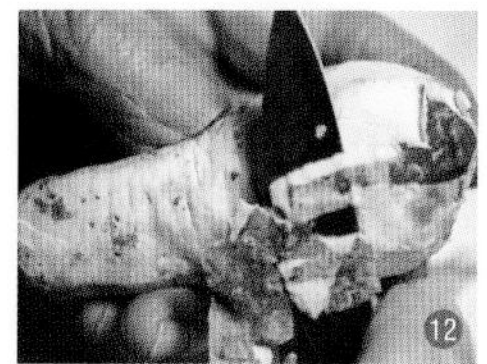

薏米飯煮法

置中式易潔鑊於中火上，鑊熱時下油2湯匙爆香乾葱碎，加入乾牛肝菌粒同炒❶，倒下薏米，以雙杓不停鏟動，加入雞湯1杯和水1杯❷，煮至湯汁燒開，便轉盛至3公升小鍋內❸，加入浸羊肚菌汁，煮滾後加蓋❹，小火煮15分鐘，關火，焗10分鐘，下鹽調味。

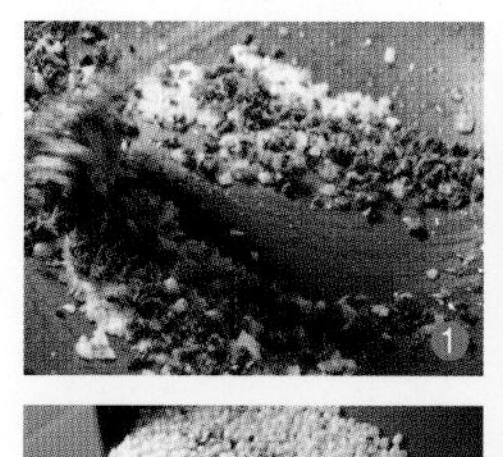

野菌炒法

1 中式易潔鑊置於中大火上，下油2茶匙爆香部分蒜瓣，加入老人頭菌炒勻，倒下約1/4杯乾羊肚菌汁❶，加鹽少許，煮至汁液收乾便鏟出❷。

2 同一鑊內，下油2茶匙，爆香部分蒜瓣，加入牛肝菌，倒下約1/4杯乾羊肚菌汁，下1/4茶匙白醋❸，煮至汁液收乾，加些許鹽便鏟出❹。

3 同樣以餘油1茶匙炒黃菌，倒入餘下羊肚菌汁，加入羊肚菌同煮，煮至汁液收乾後❺將所有已炒好之各種野菌回鑊，加鹽試味後鏟出❻。

4 把所有炒備之野菌拌在薏米飯內，作為旁食供用。

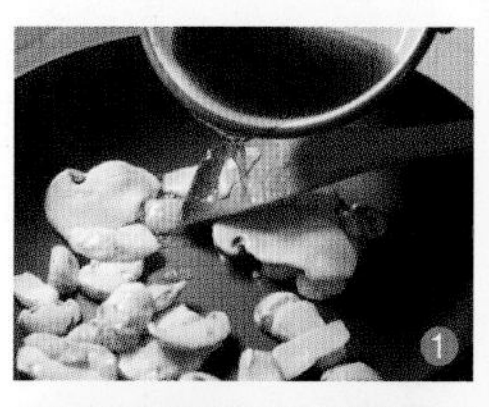

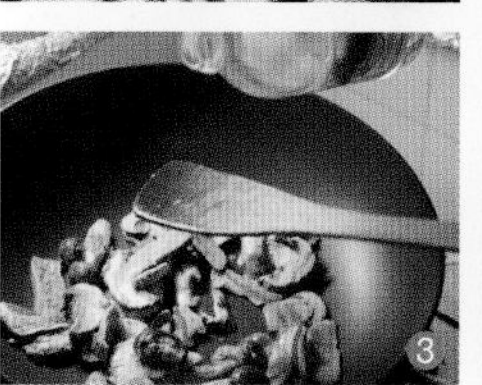

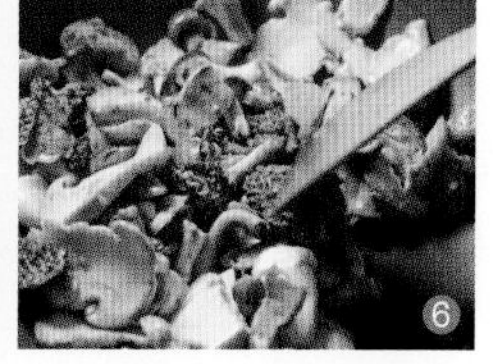

集而不雜

炒台灣米粉

年紀大了，閱歷跟着增長，吃的層面也因着生活不同的階段而擴展，手上燒出來的餚饌也多方夾雜，往往分不出源頭。雖然我已傾全力去捍衛粵菜傳統，但仍擋不住潮流的衝擊，有時不自覺會投降。

我大可以向讀者誇稱「食鹽多過你食米」，其實並不盡然。人生每一階段都有不同的際遇，從中年漸漸慢下來後，我的飲啖經驗比起以前遊食四方的時光，日趨簡樸，更可説是平淡似水。

因為身體極度敏感，我幾乎對所有化學食物添加劑都產生強烈反應，所以甚少外食。但很多愛護我的後輩，會多方打聽那一間館子肯不下添加劑，親身試過，認為合格的才帶我去。後輩的愛心和大廚的用心，都使我感動不已。在這種場合下，多時會結識到好些知名的廚師，除了吃得愜意外，與他們交談，也知道了不少當下食壇中的趣事或盛事，和職業廚師對烹調的看法，使我慶幸還能不至於孤陋寡聞。

我不是嘴饞的人，偶然和朋友聚會，目的在見面不在吃，也有專誠為吃的。平日我想吃甚麼，當然可以在家自行下廚，舞刀弄鏟一番，但説到粉麵飯，常嫌要多用油，總覺下不了手，就算我多麼喜歡，也難得做一次。

我不能因為對很多食物有顧忌而影響到每期寫出的食譜，找到任何的食材都想用新的方法去處理，就算一些平常不過的食材，也會加意看待。不久前在一家名店吃到油膩非常的炒米粉，很不開心，便決定用我家的方法炒一盤來款待自己。

我吃炒米粉的經驗，是多年累積下來的。在美國教烹飪時，結識了很多從台灣來的學生，她們都是炒米粉的能手，在教會內又有很多福建籍的教友，主日後的聚餐，必帶來大盤的炒台灣米粉；人人手法不同，五花八門，吃之不厭，漸而我自己也帶炒米粉到教會了。美國雞肉最便宜，蒸熟兩塊雞胸肉，去骨撕絲，把雞湯留下來，將之加入米粉內，再加些美國西岸盛產的小蝦，炒兩個雞蛋，放進些蔬菜絲同炒在一起便成；台灣人還會下些豉油膏，更好味。米粉一定要台灣新竹生產的米做成的乾米粉，特別爽口煙韌，怎也不會像廣東米粉一炒便斷。

來到香港定居，初期僱用的菲傭不會燒中菜，但炒米粉和炸春卷卻是她的拿手好戲。冰箱裏有甚麼東西都可以利用，米粉則用泰國或菲律賓米粉，主要的技巧是邊炒邊用筷箸挑散，不下太多的油或調味品，務求爽口就是了。後來僱用印傭，她有時會炒印尼米粉給我們做午餐，比菲傭炒的米粉又高了一層次，雖然也是冰箱內有甚麼便用甚麼，但在她們來説，手到拿來，是輕而易舉之事。

印尼人炒飯也好，炒粉炒麵也好，一定會舂碎乾葱和蒜頭作為料頭，有時還會加入辣椒，有了這濃烈的香味，不論用甚麼材料，都令人胃口大開。我炒米粉時，又會加入越南魚露，減去印尼人常用的甜豉油，看起來較為清淡。我實在太喜歡炒米粉，一吃便是兩三碗，為免攝入過量澱粉質，只好忍口。

我炒米粉，可算是集不同民族之大成，台灣的米粉、印尼的料頭、越南的魚露、廣東的醬油和三不搭七的手法，但集而不雜，易做經濟，更對自己的胃口。那末，何樂而不為哩！

炒台灣米粉

準備時間：40分鐘

材料

新竹米粉 200克
油 .... 3湯匙+2茶匙
鹽 1/4茶匙
豬腩頭肉 125克
雞蛋 .... 1隻（或2隻）
去頭帶殼中蝦 8隻
乾木耳絲 20克
椰菜 ..... 1小個，約400克
紅蘿蔔 ... 1段，約5厘米長
乾葱頭 3顆
蒜 2大瓣

豬肉調味料

生抽 1茶匙
胡椒粉 .... 少許
紹酒 1/2茶匙
鹽 .... 少許
生粉 1/2茶匙
麻油 1茶匙

汁料

雞湯 .... 1杯＋水1/4杯
魚露 2湯匙
生抽 1湯匙
糖 1茶匙
胡椒粉 1/8茶匙
麻油 1湯匙

提示

炒米粉可供4人作午餐之用。

炒米粉的材料，隨人所好，葷素俱宜，純用菇菌和蔬菜更鮮美，只要用台灣新竹米粉，便無往而不利。

準備

1 豬肉切絲❶，如火柴枝大小，加入調味料拌勻待用❷。

2 木耳絲浸透，中火煮10分鐘❸，移出瀝乾水分。

3 紅蘿蔔切絲，約0.3厘米寬❹。

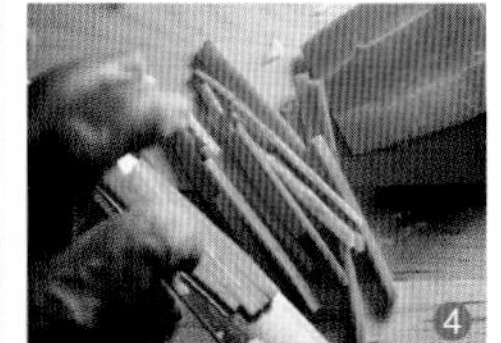

4 椰菜去芯，分莢❺，外面綠色的莢去硬梗❻疊起切1/2厘米寬的長條❼，近中心的地方分為兩半後切得較細。

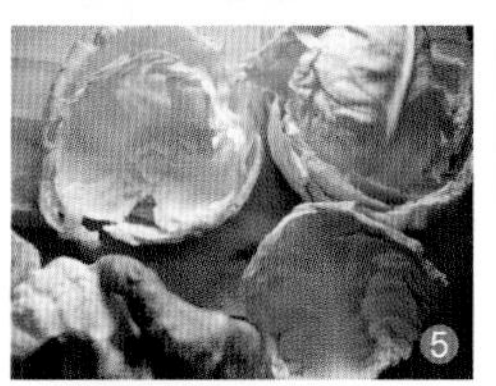

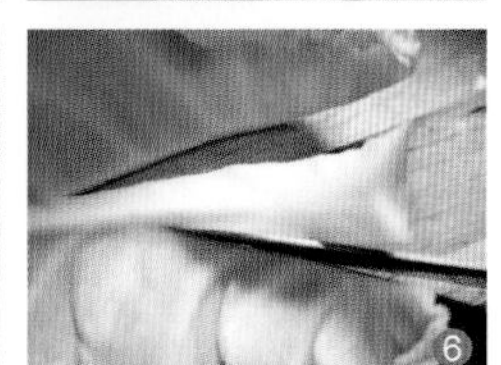

5 中蝦煮熟後去殼挑腸，每隻分成為兩半❽。

6 乾葱和蒜頭切成薄片❾，放在小舂坎內舂碎成茸❿。

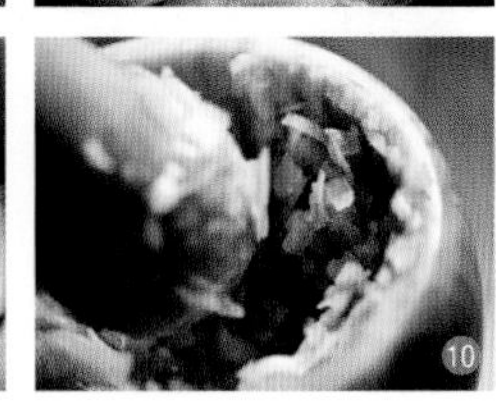

7 雞蛋打散⑪，以1茶匙油搪勻鑊面，中火熱鑊，鑊熱時加入蛋液，手持鑊柄，將鑊轉動至蛋液平均分佈在鑊內⑫，繼續加熱至蛋皮邊緣離鑊便可反面⑬，稍煎一下便可鏟出，分為4條，疊起切1/2厘米粗絲⑭。

8 大火燒開一鍋水，投下米粉，在熱水內挑散米粉⑮，移出至疏箕內瀝水待用⑯。

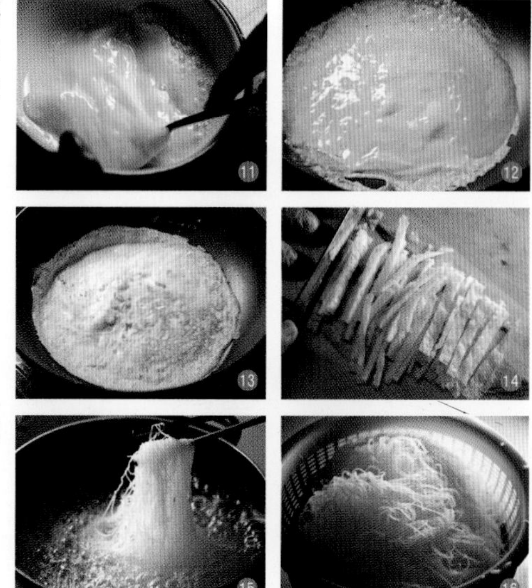

炒法

1 置易潔鑊在中大火上，鑊熱時以1茶匙油炒散肉絲❶，約八成熟，鏟出。

2 改為中小火，下油3湯匙爆炒葱蒜茸至香氣散發、顏色轉微黃而不焦時，加入木耳絲同炒❷，改為中火，先後加入紅蘿蔔絲、椰菜絲、鹽，一同炒勻後加入肉絲❸，倒下雞湯和水，跟着加入魚露、生抽、糖，最後加入麻油，煮至汁滾時放米粉在上❹，加蓋焗3分鐘，以筷箸挑散❺，撒下胡椒粉，加蛋絲和蝦❻，一同挑勻，試味後便可上盤供食。

炒一碟河粉

XO醬豬頸肉炒河粉

今年(2012年)六月，美國三藩市議會通過禁止售賣、食用及儲存魚翅的法例，一些愛護動物的環保人士又大力反對活宰家禽、活魚、水魚和田雞，認為是虐畜。有關食物安全的機構更批評唐人的河粉不放在冰架保鮮，有違衛生。

禁絕魚翅，我十分贊成，自己身體力行，不吃魚翅已有多年，不會覺得缺少了甚麼。吃活宰的魚鮮和禽鳥，是唐人的一貫作風，所有中式的超市，都設有魚池，活魚和貝殼類海產，游來游去，想要哪一尾魚，哪一隻活蟹，自有服務員為你撈出，當面宰淨，我們也不會聯想到這和虐畜有關係。

至於河粉不存冰架，殊不知河粉一經冷藏便會變質，失去軟滑煙韌的口感；所以要另外放在一個特製的架上，遠離冷氣。我們也是即買即用，不會貯存在冰箱裏。飲食文化有異，真是一言難盡。

在香港情況便大為不同了，傳統街市的粉麵檔經常有河粉供應，有炒用的、也有放湯用的，日日新鮮；在越南店子還有乾的河粉條，買備一包，隨時可以浸發，方便得多了。

香港的新鮮河粉是成疊的，任人切出所喜愛的闊度，有些早已切成條，不必再切。疊在一起的河粉條，炒時便要多加油使易於鑊動方能散開；所以若在家廚之外要吃一碟炒河粉，大都是用油過量。多年前有關注團體曾分析過一客乾炒牛河竟含油17茶匙之多，聞之驚心。其實在製造河粉之時，每片河粉之間已經掃上了油方能不黏在一起；若因為要炒散而再加多量的油，那是油上加油了。

我不是不喜歡吃炒河粉，而是平日不會特地買河粉回家炒來吃，恐怕不能控制食量，吃下太多含澱粉質的食物。早幾年大師姐麥麗敏在IT陣線退下後，每隔數星期便會來找我談天，我那時仍可自己開車，總會相約在馬會中餐廳見面。我們只點「豉椒濕炒牛河，少油兜亂寬芡」。訂單(order)雖是這樣送入廚房，但擺在我們面前的是否合格，也只「視」而不「察」，邊吃邊談，絕不計較。

自從大師姐推出她自己的品牌，有她的新事業，終年忙個不了，師徒難得見面，像這麼悠閒的坐下來吃一碟炒河粉，有好幾年不彈此調了。

女兒前些時打電話來告我，說她在美國灣區的中餐館吃到「XO醬豬頸肉炒河粉」，十分精彩，比一般乾炒牛河的味道豐厚得多，她提議我先試做，方介紹給香港的讀者。唉！炒河粉這東西，還加上XO醬，怎能停口，我決不試，只依照她所描述的，用我的方法去完成，若試完一次再去做，豈不是多吃了。

拍攝圖片那天，我們和攝影師就這麼把一盤炒河粉吃光。豬頸肉與牛肉不同，勝在肉質爽脆甘腴，加上XO醬的複雜結構，絲絲珧柱，混在河粉之中，果是別有一番雋永的味道。

為了省油，我先把河粉逐條撕開，放入微波爐加熱2分鐘，然後倒下頭抽拌勻，這樣不需在鑊內頻頻加油炒散和炒熱河粉，XO醬也盡量把油留在瓶裏，吃時便不會攝入過量的油了。

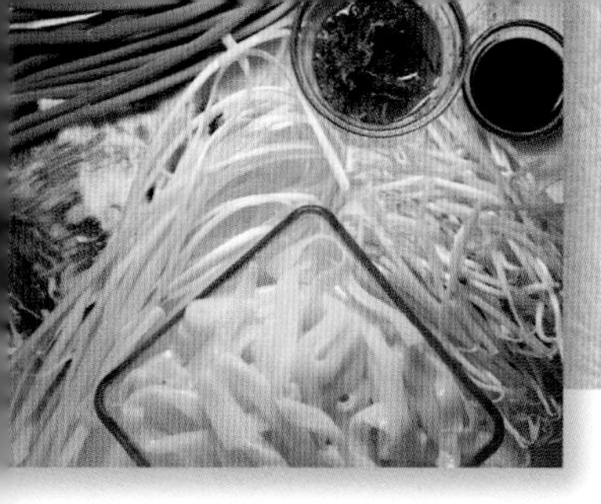

XO醬豬頸肉炒河粉

準備時間：30分鐘

材料

炒用河粉 450克
頂上頭抽 4茶匙
豬頸肉................... 225克
XO醬 2湯匙
銀芽 100克
油 1茶匙
鹽............................. 少許
韭黃 75克
青葱 4棵

豬頸肉調味料

上好頭抽 2茶匙
紹酒 2茶匙
糖........................1/2茶匙
生粉 1茶匙

炒粉的次序是先下XO醬去炒豬頸肉，然後加入分散了的河粉，一氣呵成，方便省油，值得向大家推薦。

準備

1 把河粉每條分開❶，放在耐熱玻璃碗內，蓋起置於微波爐中❷，以100%火力加熱2分鐘，移出加入頭抽同拌匀。

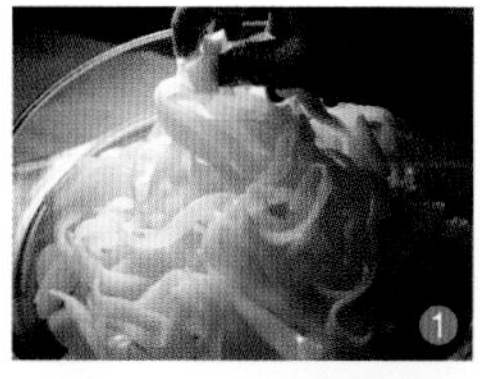
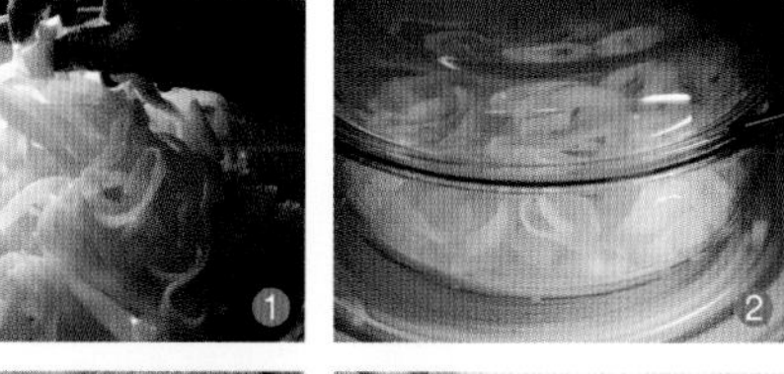

2 改去豬頸肉的可見脂肪❸，順紋分成為兩半，再逆紋切約0.3厘米厚片❹，放在碗內，下調味料同拌匀❺❻。

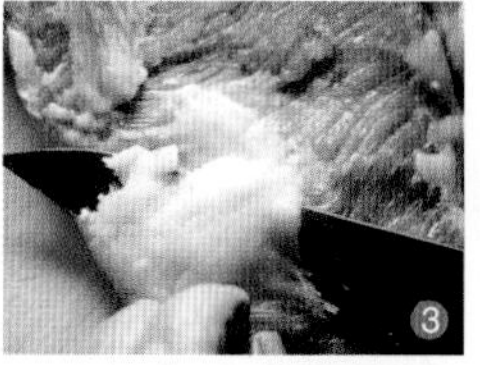

3 銀芽每條分成為兩段❼，韭黃及青葱俱切4厘米段❽。

> 提示
>
> 本文所用微波爐的輸出功率為1,000瓦特。

炒法

1 銀芽以1茶匙油及些許鹽炒至七成熟❶，移出瀝去水分。

2 置中式易潔鑊於中大火上，鑊熱時放入豬頸肉，排成一層❷，烘至一面金黃便反面再烘其餘一面至金黃，加入XO醬❸，用雙鑊兜勻，繼下河粉，邊炒邊抖，直至河粉與豬頸肉混合❹，投下韭黃和青葱，繼續兜炒❺，試味，最後下銀芽❻，兜勻便可上碟❼。

那些年

那些年，我們常常到元朗。

自從得吳瑞卿大力推薦，我和一群中文大學的食友，不嫌路途跋涉，多時會聯袂到元朗的大榮華酒家吃客家圍村菜。

說到新界圍村菜，大家立即會想到盆菜。但我們興不在此，卻只為要吃梁文韜老友耀波的魚塘所養的大淡水魚。吃耀波的魚要靠運氣，烏頭、鯪魚、鯿魚、鯉魚不是天天有，網到甚麼便吃甚麼；可喜的是，肥美新鮮的塘魚，完全沒泥味。

除了為吃魚，韜哥也有不少拿手菜式，值得我們專程前往。每次的菜單，都是大同小異，似乎大家總是吃不厭，訂位的時候便連菜單也安排好了；必點的菜式有冰肉燒鳳肝、杜仲燉龍骨湯、銅盤蒸走地雞、豆醬燒米鴨、鳳凰蟹肉炒長遠，蝦醬蒸豬板筋等等。我們除了塘魚之外，最愛吃的，是韜哥特地從增城運回來的絲苗米，盛在缽仔內蒸熟，附上燒豬油，是如假包換的豬油撈飯；不止此，我們每人還有一隻煎荷包蛋哩！

許多香港人或者會認為只有海魚才配上席，連在鹹水魚場養殖的魚也算是海魚，倒不如吃淡水魚好了。耀波的魚塘，是太公的物業，很早以前已賣了給地產發展商，隨時有被收回的可能，吃他養的魚，當時也是有一天吃一天。到了2004年，耀波的魚塘真的被收回了，吃大條優質的淡水魚也得告一段落。

到後來韜哥在市區開了分店，一身不能兼顧。香港又經歷了禽流感，兩次殺雞，政府禁止本地飼養禽鳥，大榮華已無走地活雞及活米鴨供應，我們興致大減。加以我自2005年後有背患，行動不便，到元朗大榮華要爬好幾級樓梯，自此絕迹。如今偶然會想起那些年的圍村菜，很有感觸。

我還算幸運，有好幾年可以吃到譚強農場飼養的優質鯇魚，可惜他的粥店關門後，他把手中的七個魚塘都一起填平了。街市的淡水魚如鱖魚或烏魚，隨時買到帶泥味的，口福不像以前了。

那些年大榮華給我的飲啖回憶，日漸淡忘。反正大魚大肉一向都不是我家的主打食材，雖然我偶然會做「炒長遠」，但自從我教曉傭人蘭美後，我再不用親自掌杓，用料也因身體情況而減去了蟹肉，代以珧柱絲，勝在清淡少油，這點只有在家廚內方能做到。大榮華的正版是用蛋黃來炒，我不獨用少了蛋，還多減去一個蛋黃。調味方面，因有菇素，連雞粉也免去了。

據說早幾十年，新界有一部分的年青客家人，為謀更好的出路，選擇了漂洋過海，家人餞別時桌上必備一道炒長遠；長遠就是粉絲，寓久久長長，兩地情牽萬里之意。

計算起來，十年人事幾番新，到了今日的年紀，我身體的抵抗力自然與日俱減，飲食十分小心。到外面吃飯，總不若在家清茶淡飯好。市上反正買到很好的海魚，也有本地種植的各種時蔬，不用受外面花花飲食世界的引誘。

在我來說，炒長遠不算是情牽萬里，畢竟也帶來隔了多年的美好回憶。

蟹肉雞蛋炒粉絲

準備時間：約1小時

材料

藍蟹或紅花蟹.........1隻，約300克
泰國粉絲....2包，共40克
銀芽..................... 175克
鹽............................ 少許
韭黃....................... 75克
雞蛋.......................... 3個
雞清湯...1/2杯+鹽1/4茶匙
油............. 2湯匙+1茶匙

蟹肉調味料

麻油.......................1茶匙
胡椒粉..................... 少許
糖........................1/4茶匙

蟹可選青蟹，比紅蟹便宜，粉絲用泰國粉絲最保險，不易斷。蒸蟹、浸粉絲可以同步進行，省去準備時間。

準備

1 藍蟹蒸10分鐘至熟後❶，擱涼後拆出蟹肉❷❸，置小碗內，加入調味料拌勻。

2 銀芽分兩段，韭黃撕去老莢❹，切3厘米段。

3 粉絲以冷水浸軟，瀝乾水分❺。小鍋置於中大火上，加入雞湯和鹽❻，煮至湯滾，關火，加入粉絲❼，蓋起，待雞湯盡行為粉絲吸收後，用剪刀剪成3段❽。

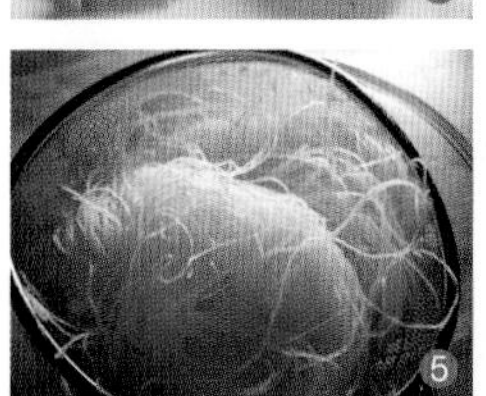

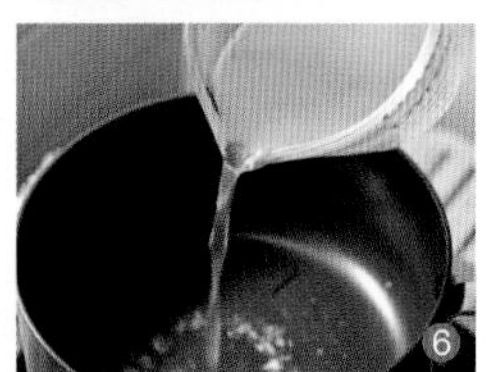

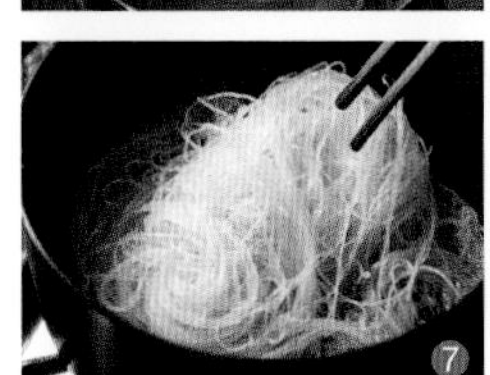

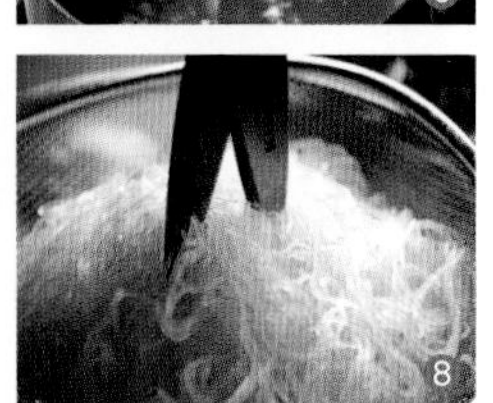

4 雞蛋先打兩個在碗內，下第三個時可棄去一個蛋黃(隨意)，一同打勻，然後加入粉絲❾，同拌勻❿。

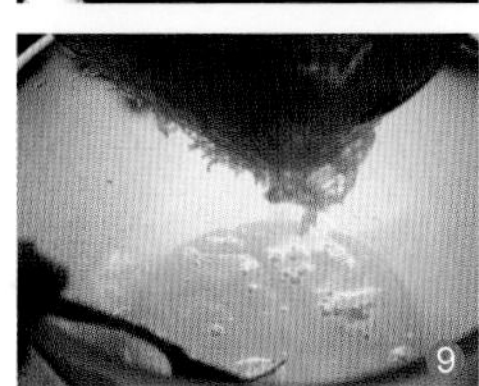

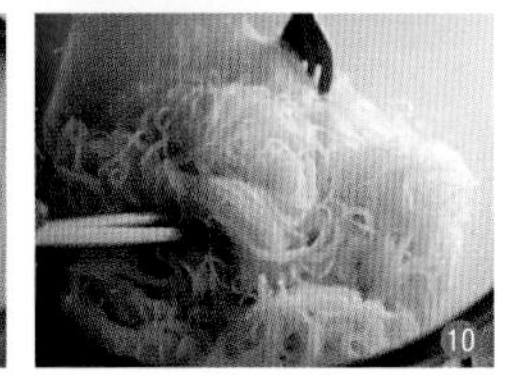

提示

1. 菇素不含味精，在日式超級市場或台灣食品公司有售，可用可不用，悉隨人意。如對味精不敏感，可代以雞粉。
2. 本食譜所用罐頭清雞湯和青蟹，都含有鹽分，所以用鹽較少，請讀者自行調校。

炒法

1 置中式易潔鑊在中大火上，鑊紅時下油1茶匙，加鹽少許，炒芽菜至七成熟便鏟出❶。揩淨鑊，置回火上，下油2湯匙，加入粉絲，用筷箸抖散❷，下些少菇素(如選用)邊抖邊鏟，炒至蛋熟❸。

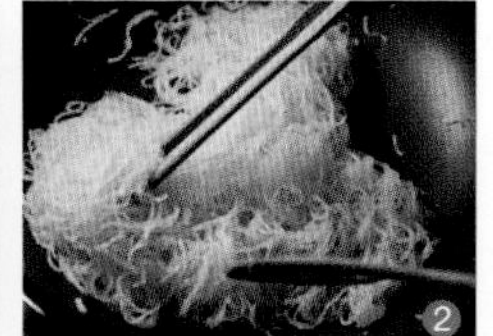

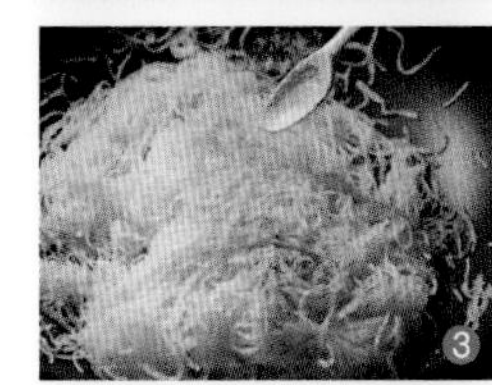

2 加入銀芽❹和韭黃❺，抖匀後繼下蟹肉，一同兜匀至全部混合均匀❻，便可上碟供食。

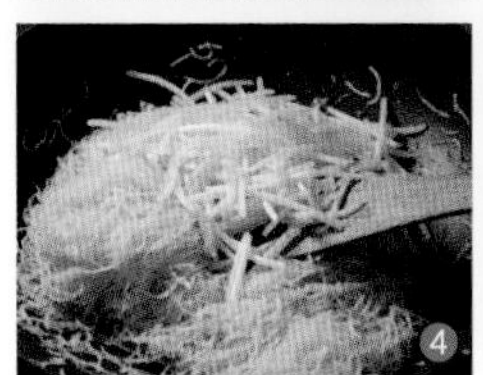

黃金比例

椰汁荔芋涼糕

我不是說理論美學上的「黃金分割Golden Section」那麼深奧的學問，而是說在烹調中物料的理想配搭上，有時會像金科玉律般，出現有秩序的比例。

一般的菜饌因為變數太多，尤其調味和火候方面，難以有固定的比例，而且口味與口感每每因人而異。

不像有些點心，尤其是糕點的製作要有固定的分量，不但要有準確的比例，更不容隨意加減。簡單的例子是做快速的發麵，每1杯麵粉所需的發粉(baking powder)量是1¼茶匙，若麵粉量有所增減，發粉的用量便要依比例推算。從西式甜點蛻變過來的中式甜點，物料的配搭也跟着西式的一樣，存在着一定的比例，若破例更動了，可能會失敗，全軍盡沒。

前些時在大師姐麥麗敏主持的煮食會上，大廚張錦祥(Ricky Cheung)帶來一大盤椰汁燕窩凍糕，大受歡迎。他說做法極簡單，沒有甚麼竅門，只要守住用料的比例，便人人可做，保證萬試萬靈。

張大廚經驗豐富，廚藝高強，他的專欄，長做長有，愈做愈有，聽他說得那麼輕而易舉，我一時好奇心起，向他請教，他十分慷慨，隨口唸出食譜，說材料雖然簡單，但其中的比例，是他研究了頗長的時間幾經改良得來的成果。

我當時把材料分量抄下，打算依樣畫葫蘆，仿製一番。回家後細心思量，我怎可以不費吹灰之力便把人家多年研究的心得，挪為己用？沒有把自己的心思加上去，做到了也不過是抄襲而已，顏面亦不見得光彩；但我把材料用量的比例分析好，作為參考。

從他的食譜中，主料的椰汁容量若為1，副料的水佔1/4，糖佔1/8，而稠結椰汁的粟粉漿，粟粉為椰汁的1/8，加水量為椰汁的1/6。燕窩則隨量。我稱這個為黃金比例，實際的用量可以修改，但比例應該不變。做法是：椰汁＋水＋糖煮至糖溶，用水調勻粟粉，慢慢吊下熱椰汁內，不停攪拌，至成滑溜的糕糊為止，再拌入已蒸軟的燕窩，倒入糕盤冷藏便成。

燕窩價昂，不用燕窩又如何？我們依比例煮好了糕糊，當它是基本，可加入其他的材料：加馬豆便成馬豆糕；加紅豆便成紅豆糕了。

記得在美國時，有朋友來吃飯，我常常貪方便會做幾杯意大利式的軟糕(Pana Cotta)，配上些鮮水果；因為軟糕的主料是牛奶，豐腴甘美，是最簡單不過的甜點。我吃到張大廚的燕窩糕，得到了啟發，連帶想起我的椰汁荔芋凍糕，於是動手做起來。我覺得其中材料的比例，頗似張大廚的「黃金比例」，但我手頭沒有個別的小盛器，只好做成一大方塊，分切成小塊；又不想加入水果，擾亂荔芋的香味。略為美中不足的是，成品看起來單調蒼白，攝影師也大費躊躇。

在意式的軟糕中加入了荔芋，不若原版的滑溜，但用了椰汁比純用牛奶多了一番東方的熱帶風味。這算是我的個人創意也好，左拼右湊也好，連賣相也不夠吸引的椰汁荔芋涼糕，卻是十分香滑適口。若以椰汁為主料，我的黃金比例是(以容量計)：

椰汁：水：牛奶：糖：荔芋＝1：1：1：1：2。

魚膠粉的茶匙數量則為(椰汁＋水＋牛奶＋糖)比例份數的總和＝4。

椰汁荔芋涼糕

材料

荔浦香芋 225克
水 1/2杯
魚膠粉....................4茶匙
牛奶 1/2杯
椰汁 1/2杯
幼砂糖.................... 1/2杯
塗膠盒用玉米油 .... 少許

工具

方形(4x13x13厘米)塑膠盒1個

從每年10月到翌年3月，是香芋的季節，市上香芋來自不同的出產地，只要挑選身輕的才會粉綿。

準備

1 荔芋去皮，切1厘米方丁❶，放入中鍋內❷，加水1/2杯，加蓋中大火煮軟，留用❸。

做法

1 倒1/2杯牛奶在小玻璃碗內，灑下魚膠粉❶，候10分鐘，便見魚膠粉發脹❷，拌匀後❸將之倒入小鍋內❹，用小火煮至溶化❺。

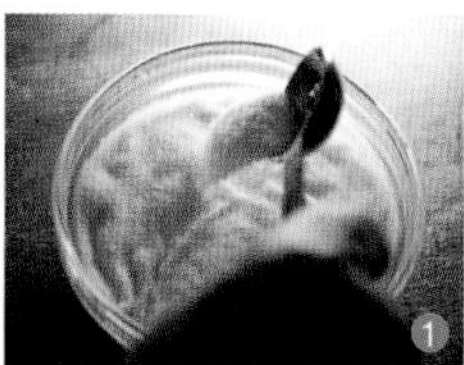

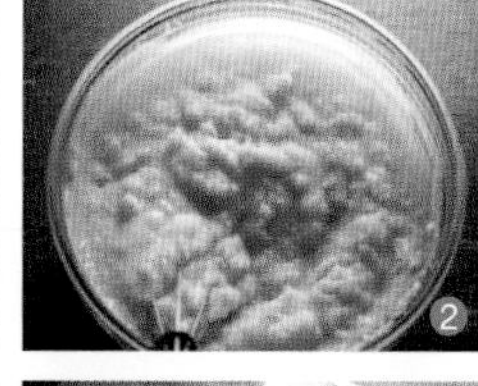

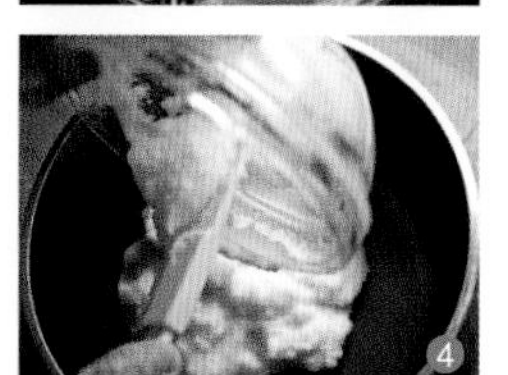

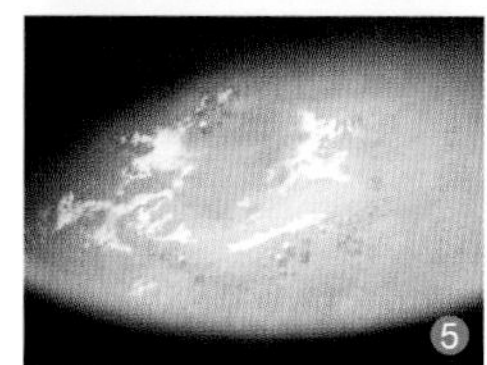

提示

1. 椰汁可用鮮椰汁、罐頭椰汁、或盒裝椰汁。
2. 如有小型玻璃杯，可按杯的大小分盛糕糊，每位上。
3. 素食者可用豆奶代替牛奶。

2 洗菜盤內加冷水約4厘米深，將整小鍋魚膠粉和牛奶的溶液座在冷水中 ❻，輕輕攪拌至將行而未稠結 ❼。

3 攪拌機內加入煮軟荔芋 ❽，椰汁 ❾ 和糖 ❿，高速攪拌約2分鐘至荔芋幼滑 ⓫，然後加入魚膠粉和牛奶的溶液 ⓬⓭，再打至極幼滑為止 ⓮，慢慢倒進已薄塗油之方形膠盒 ⓯，若見有小氣泡在糕糊面上，便用牙籤將氣泡刺破 ⓰，並將整盒涼糕敲在工作案上使分配平均 ⓱。

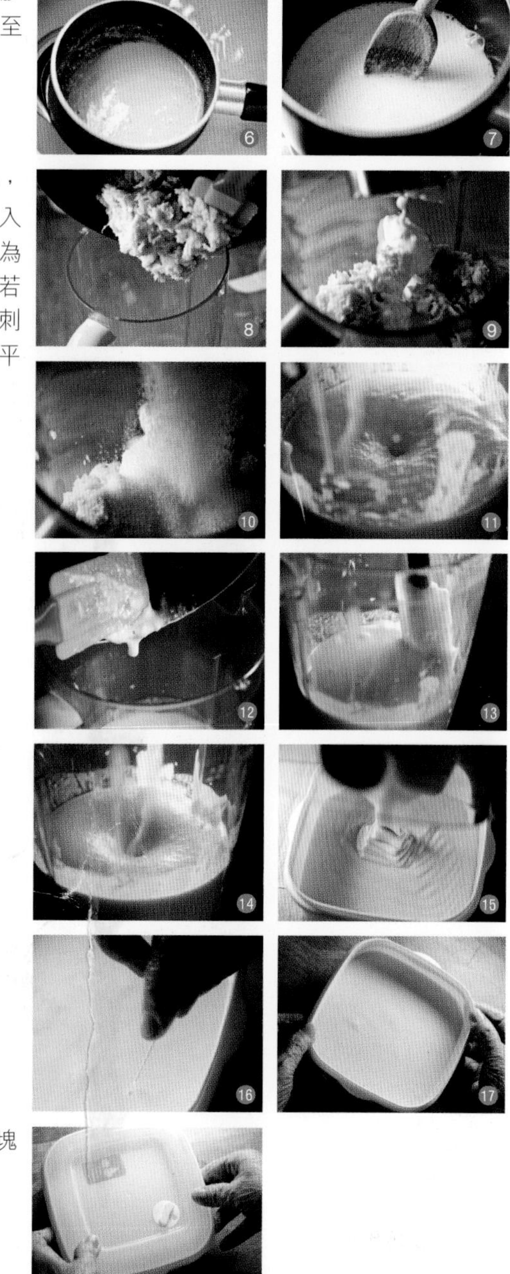

4 蓋起放入冰箱內冷藏 ⓲ 起碼4小時，切塊供食。

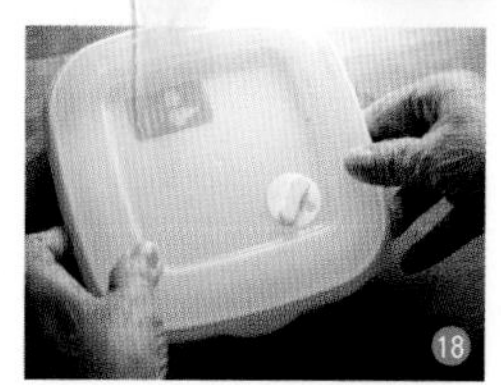

後記

暫別讀者

開始在《飲食男女》雜誌供稿之先，已決定寫滿十年便停筆。轉眼十年已過，大有光陰似箭、日月如梭之嘆！

本着愛護傳統粵菜之心，十年於茲，未敢鬆懈，每星期竭盡所能，戰戰兢兢，在雜誌上提供一般家常菜式，遇有時節，也會做些海味菜應景。計算起來，已經發表了五百多個食譜了。

最近進了一次醫院，回家後覺得體力大不如前。早些時還誇下海口，要以有生之年繼續維[illegible]下去，豈料言猶未了，卻要在此暫別，情非得已也。以個人的有限識見，加上今日市上可用、慣用的材料日見短絀，早覺心勞力竭，而年事日高，每星期做一個菜，選料時多方受到制肘，又不想重複自己，困難重重，萬分苦惱。

最近我做的菜，多是廉味美，簡單易做，只要肯放上心意，便有好菜饗家人。2012年[illegible]月19日在該雜誌發表最後一個食譜「黃金白玉」時，用的是平日[illegible]用的急凍雞柳，本來這作料味道平淡，口感單調的，但加點想[illegible]做出來的菜式竟也入口酥香脆嫩，炸好的雞柳切開，外皮黃澄澄似金，內裏雪白似玉。禁不住私下偷歡喜。

停筆之前，百感交集，每星期依時交稿，十年來已成習慣，是持之以恒的興趣而不是職[illegible]。但很奇怪，稿還未脱手，現時已有無業遊民之感，我不知道能[illegible][illegible]多久，衷心希望讀者都能原諒我。

説不定精神好點，我又會捲土重來，畢竟我是愛燒菜的人，目前的情況，希望只是暫時的。